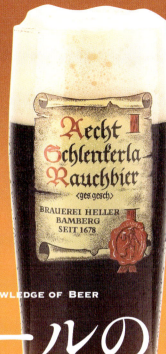

KNOWLEDGE OF BEER

新版 ビールの図鑑

監修：一般社団法人日本ビール文化研究会
　　　一般社団法人日本ビアジャーナリスト協会

CONTENTS ビールの図鑑

INTRODUCTION
意外に知らない!? ビールの常識 …… 8

PART 1
世界のビールを知ろう

BEER IN THE WORLD
おいしくて楽しい世界のビール131本 …… 18

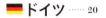 ドイツ …… 20

エリアマップ …… 22

ドイツの主なスタイル …… 24

ベルギー …… 44

エリアマップ …… 46

ベルギーの主なスタイル …… 48

イギリス/アイルランド …… 68

エリアマップ …… 70

イギリス/アイルランドの主なスタイル …… 72

イギリス …… 74

アイルランド …… 85

その他のヨーロッパ …… 88

その他のヨーロッパの主なスタイル …… 90

チェコ …… 91

オーストリア …… 94

デンマーク …… 97

オランダ …… 99

イタリア …… 102

ロシア …… 103

 アメリカ/メキシコ …… 106

アメリカの主なスタイル …… 108

アメリカ …… 109

メキシコ …… 120

アジア …… 122

ヨーロッパから植民地へもたらされたビール …… 124

中国 …… 125

シンガポール …… 126

タイ …… 127

スリランカ …… 128

インドネシア …… 129

フィリピン …… 130

台湾 …… 131

ベトナム …… 131

 日本 …… 132

日本の地ビール …… 140

地図で見る日本の地ビール

東日本編 …… 148

西日本編 …… 150

PART 2
ビールの基礎知識

ビールの歴史 …… 154

ビールの原料 …… 158
麦芽 …… 158
ホップ …… 159
水 …… 160
副原料 …… 161
酵母 …… 161

ビールの製造工程 …… 162
❶ 製麦工程 …… 163
❷ 仕込工程 …… 163
❸ 発酵・貯酒工程（主発酵） …… 164
❹ 熟成・貯酒工程（後発酵） …… 165
❺ ろ過または熱処理 …… 165
❻ パッケージング …… 165

ビールのおいしさの秘密 …… 166
色 …… 166
味 …… 167
香り …… 168
泡 …… 169

ビールの飲み方と温度 …… 170
ビアグラスでおいしく飲む …… 172
楽しみ方いろいろビアグラス図鑑 …… 174

PART 3
もっとビールを楽しもう

ビア・バーの楽しみ方 …… 178
ビア・バー通になる方法 …… 180
ビールに合う食事の選び方 …… 182

おうちビアを楽しむ …… 186
3度注ぎでおいしさUP! …… 186
保存と冷やし方の基本 …… 188
ハーフ&ハーフのつくり方 …… 189
ビアカクテルのつくり方 …… 190

COLUMN
オクトーバーフェストに見る世界のビール祭り …… 42
本場でしか味わえない、
カスクコンディションの魅力 …… 87
世界のビールと季節の楽しみ方 …… 104
人気上昇中！日本のクラフトビール祭り …… 152
ビールができるまでを見に行こう …… 176
ビールの資格 …… 191

ビールを楽しむ用語集 …… 192

BEER INDEX
国別 …… 04
スタイル別 …… 195
ビール名 …… 198
生産元 …… 200

系図で覚えるビアスタイル …… 202

問い合わせ先一覧 …… 204

BEER INDEX
CLASSIFIED BY COUNTRY

国別
ビール
インデックス

 ドイツ

 p.26 シュパーテン ミュンヘナーヘル

 p.27 シュパーテン オクトーバー フェストビア

 p.27 ビットブルガー プレミアム ピルス

 p.28 ホフブロイ・ミュンヘン オリジナルラガー

 p.29 ヴェルテンブルガー バロック デュンケル

 p.30 エク28

 p.31 フレンスブルガー ピルスナー

p.32 パウラナー サルバトール

 p.33 シュナイダー ヴァイセ TAP7 オリジナル

p.33 シュナイダー ヴァイセ アウェンティヌス アイスボック

 p.34 アインベッカー マイウルボック

 p.35 ケストリッツァー シュバルツビア

 p.36 シュレンケルラ ラオホビア メルツェン

 p.37 ヴァイエンシュテファン クリスタル ヴァイスビア

 p.38 フランツィスカーナー ヘーフェヴァイスビア

 p.38 エルディンガー ヴァイスビア

 p.39 フリュー ケルシュ

 p.39 ガッフェル・ケルシュ

 p.40 ツム・ユーリゲ ユーリゲ アルト クラシック

番外編
p.41
・アウグスティーナ ヘレス
・ベルリーナ・キンドル・ヴァイセ

  ベルギー

p.50 ヒューガルデン ホワイト

 p.51 サン・フーヤン トリプル

 p.52 デュベル・モルトガット デュベル

 p.53 セント・ベルナルデュス アフト12

 p.53 ヒューグ デリリウム・トレメンス

 p.54 オルヴァル

 p.55 ロシュフォール 10

  p.55 ウェストマール トリプル

 p.56 シメイ ブルー

 p.57 デュポン セゾンデュポン

 p.58 カンティヨン グース

p.59 ドゥ・ハルヴ・マーン ブルックス ゾット・ブロンド

 p.60 ボーレンス ビーケン

 p.61 ポステールス デウス

 p.62 ブーン フランボワーズ

 p.62 リンデマンス カシス

 p.63 ヘット・アンケル グーデン・カロルス・クラシック

 p.64 ヴァン・デン・ボッシュ ブファロ・ベルジャン スタウト

 p.64 ルロワ ボペリンフス ホメルビール

 p.65 デ カム オード クーズ

 p.65 ヴェルハーゲ トゥシャス・デ・フルゴーニュ

 p.66 ローデンバッハ クラシック

番外編
・ウエストフレテレン 12
・リーフマンス グリュークリーク

 イギリス

 p.74 フラーズ ロンドン プライド

 p.75 フラーズ ロンドン ポーター

 p.75 フラーズ ESB

 p.76 バス ペールエール

 p.77 サミエルスミス オーガニック ペールエール

 p.78 ベルヘブン セントアンドリュースエール

 p.79 ニューキャッスル・ブラウンエール

 p.80 シェパードニーム スピットファイアー

 p.81 ウィッチウッド ホフゴブリン

 p.82 ハービストン ヒター&ツイステッド

 p.82 トラクエア ジャコバイトエール

 p.83 ブリュードッグ パンクIPA

 p.84 ケルト ブレティン1075

 p.84 ブラックアイル ゴールデンアイ ペールエール

 アイルランド

 p.85 ギネス エクストラスタウト

 p.86 キルケニー

 p.86 マーフィーズ アイリッシュ スタウト

 チェコ

 p.91 ピルスナー ウルケル

 p.92 ブドヴァイゼル・ブドバー

 p.93 ヨジャック シンコウニ ペール 10

 オーストリア

 p.94 ツィラタール ピルス プレミアムクラス

 p.95 エーデルワイス スノーフレッシュ

 p.96 ゲッサー ゲッサー・ピルス

🇩🇰 デンマーク		🇳🇱 オランダ	
p.97 カールスバーグ	p.98 ミッケラー ディセプション・セッションIPA	p.99 ラ・トラップ ブロンド	p.100 ハイネケン

 p.101 グロールシュ プレミアムラガー

🇮🇹 イタリア	🇷🇺 ロシア	🇺🇸 アメリカ		
p.102 モレッティ モレッティ・ビール	p.103 バルティカ No.9	p.109 アンカー ブルーイング アンカー スチームビア	p.110 グリーンフラッシュ ウェストコースト IPA	p.111 ストーン ブルーイング ストーン ルイネーション ダブル IPA 2.0

p.112 コナ・ブルーイング ファイヤーロック ペールエール	p.113 エピック・ブルーイング スモーク&オーク	p.114 ボストンビア サミュエルアダムス・ボストンラガー	p.115 ラグニタス IPA	p.116 ローグエールズ デッド・ガイ・エール

🇲🇽 メキシコ

p.117 スカブリューイング モダス ホッペランディ IPA	p.118 ビクトリー ブルーイング プリマピルス	p.119 ブルームーン ブルーイング ブルームーン	p.119 アンハイザー・ブッシュ バドワイザー	p.120 セルベセリア・モデロ コロナ・エキストラ

	🇨🇳 中国	🇸🇬 シンガポール	🇹🇭 タイ	🇱🇰 スリランカ
p.121 セルベセリア・モデロ ネグラモデロ	p.125 青島ビール	p.126 タイガー ラガービール	p.127 シンハー ラガー・ビール	p.128 ライオン スタウト

🇮🇩 インドネシア	🇵🇭 フィリピン	🇹🇼 台湾	🇻🇳 ベトナム	🇯🇵 日本
p.129 ビンタン	p.130 サンミゲール スタイニー	p.131 台湾ビール 金牌	p.131 サイゴン エクスポート	p.134 キリン

p.135 アサヒ	p.136 サッポロ	p.137 エビス	p.138 サントリー	p.139 オリオン

日本（地ビール）

 p.142 スワンレイクビール アンバースワンエール
 p.143 コエドビール COEDO紅赤 -Beniaka-
 p.144 サンクトガーレン 湘南ゴールド
 p.145 ベアードビール スルガベイインペリアルIPA
 p.146 箕面ビール ゆずホ和イト

 p.147 ヤッホーブルーイング よなよなエール
 p.147 銀河高原ビール 小麦のビール
 p.148 エチゴビール レッドエール
 p.148 オラホビール ケルシュ
 p.148 秋田あくらビール さくら酵母ウィート

東日本編

 p.148 志賀高原ビール IPA
 p.149 いわて蔵ビール ジャパニーズハーブエール 山椒
 p.149 ろまんちっく村 餃子浪漫
 p.149 湘南ビール シュバルツ
 p.149 ノースアイランドビール ブラウンエール

 p.149 常陸野ネストビール ホワイトエール
 p.149 富士桜高原麦酒 ラオホ
 p.150 松江ビアへるん 縁結麦酒スタウト
 p.150 さぬきビール スーパーアルト
 p.150 ブルーマスター あまおうノーブルスイート

西日本編

 p.150 薩摩GOLD
 p.150 石垣島地ビール マリンビール
 p.150 海軍さんの麦酒ピルスナー
 p.150 宮崎ひでじビール 太陽のラガー
 p.151 大山Gビール ピルスナー

 p.151 ナギサビール アメリカンウィート
 p.151 伊勢角屋麦酒
 p.151 盛田金しゃちビール 名古屋赤味噌ラガー

7

INTRODUCTION

意外に知らない⁉
ビールの常識

世界中を見渡せば、ビールの種類は多種多様にあります。
黄金色のものから真っ黒のもの。
アルコール度数が2％程度のものから10％以上のものだってビールです。
多彩で楽しい、ビールの世界を紹介します。

ビールは金色と黒⁈

ビールはどんなお酒？ そう問われたら、あなたはどう答えますか。「黄金色で透明感があり、アルコール度数は5％程度。苦みが強くて、炭酸がきいているお酒！」こんなイメージでしょうか。

しかし、ビールにはさまざまな種類（スタイル）があります。色は明るい黄色から真っ黒まであり、アルコール度数も2～3％のものから10％を超えるものまで揃っています。

フルーティーな香りやこうばしい香り、若草を思わせる香り。苦いもの、甘いもの、酸っぱいもの。冷やした方がおいしいもの、ぬるめの方がおいしいもの。さらさらとのどごしのよいものもあれば、どっ

しりしてまったりと飲みごたえのあるものまで、多岐にわたります。この多彩な香りや味わいは、原料である麦芽、ホップ、水、酵母の組み合わせによって生まれています。その他の副原料を使うこともあります。

これほど広い領域をもったお酒は、ほかにないのではないでしょうか。奥深く多彩なビールの世界を知れば、どんなときにもどんな場所でも、どんな仲間とも、どんな料理とも、必ず合うビールを見つけ出すことができます。ビールは、みなさんが知っている以上に、万能な飲み物なのです。

意外に知らない!? ビールの常識

銘柄は一万本以上
ビールは世界で愛されている

ビールづくりは世界各地で盛んに行われています。
いまなお進化を続け、その銘柄は一万本以上ともいわれます。
主には欧州、北米、アジアにその世界が広がっています。

歴史と伝統に彩られたビール

ヨーロッパ
EUROPE

イタリアやスペイン、フランスなどブドウが採れる地域では、ワインを中心とした食生活が発達しました。一方、それより北にあたる地域では、ブドウに代わり麦による酒づくりが行われています。とくに、ドイツからチェコ、ベルギー、イギリス、アイルランドといった地域では、それぞれの地域に根づいた特徴のあるビールが誕生。何百年という歴史と伝統をもつ醸造所も存在します。

日本でもっとも飲まれているお酒は「ビール」といっていいでしょう。アルコールが飲めない人でなければ、日本で「ビールを飲んだことがない」という大人は皆無ともいえます。

しかし、ビールは日本人にとって一番なじみの深いお酒である反面、"ないがしろ"にされがちなお酒でもあります。「とりあえずビール」なんて言葉をよく使いますね。ウィスキーの銘柄、ワインの年代、日本酒の精米歩合にこだわる人は多くても、ビールとなると、種類はおろか銘柄にもこだわりのない人が多いのです。

この「とりあえずビール」。世界の酒場で言ったらどうなるでしょう。イギリスのパブやベルギーのビアカフェ、ドイツのビアハウス、アメリカのクラフトビアバーであれば、困惑されてしまいます。「ビールといってもいろいろあるから…。どれが

いま一番進化しているビール
アメリカ
AMERICA

　北アメリカの先住民は酒造文化をほとんどもたなかったため、入植者たちが母国のスタイルをもとにビールをつくり始めました。ライトラガーから発展したアメリカは、禁酒法や大手企業の寡占化などを経て、現在ではクラフトビールの先駆国的存在になっています。

日本人の口にもよく合う
アジア
ASIA

　現在のアジアのビールと直接繋がる土着のビール文化は見つかっていません。北米と同じく、ビールはヨーロッパから持ちこまれたことに始まります。スリランカなど、イギリスの植民地だった地域にはエール文化も残っていますが、多くはピルスナースタイルが世界的に流行して以降に持ちこまれたため、ライトカラーのラガーが主流となっています。

飲みたいの？」と聞かれてしまうでしょう。
　「とりあえず」が共通語になるほど、日本人にとってビールは浸透していますが、黄金色で炭酸のきいたものが唯一無二と思われがちです。でも、それは実にもったいない思いこみ。世界には、色、香り、味わい、アルコール度数など、銘柄だけで一万本以上にもおよぶさまざまなビールがあるのですから。

意外に知らない!? ビールの常識

スタイルを知れば
ビールはもっと楽しくなる

ビールを正しく、賢く知るためには、「スタイル」を知ることが一番です。
スタイルとはなにか知っておきましょう。

世界には100種以上！
ビールのスタイルとは？

　日本では、ビールの種類をよく黒ビールタイプなどと"タイプ"という言葉で表しますが、世界的には"スタイル"と呼ぶのが一般的です。

　このスタイルは、まず大きく「エール（上面発酵ビール）」と「ラガー（下面発酵ビール）」と「自然発酵ビール」の3つに分けることができます。さらに発祥国や色、アルコール度数、苦み、香りなどにより、細かく分類されます。

　スタイルは各種ビアコンペティションのガイドラインとして利用され、もっとも細かいものでは150を超えるスタイル分けが提示されています。

スタイルを知れば、
好みのビールがわかる！

　スタイルを把握していれば、ビールを選ぶ際、開栓するまでもなくその中身を大まかに知ることができるようになります。なぜならビールの銘柄やラベルには、スタイルを表す言葉が使われているからです。とくに海外ビールやクラフトビールには必ずといっていいほど表示されています。

　たとえば、「アメリカン・ペールエール」といった文字がラベルに書かれていれば、「シトラスを思わせるアメリカ産ホップの香りと苦みが印象的なビールだ」といった具合に、中身を推測できるのです。

スタイルを知るための専門用語を覚えておこう

ビールを表現するためには、テイスティング用語を知っておく必要があります。まずは覚えておきたいワードを紹介します。

基本用語

アロマ
飲む前に鼻から感じる香り。

フレーバー
口に含んだ際に感じる香りや味わい、バランス、後口など。香味ともいう。

外観
色、透明感、泡立ち、泡もちなど、グラスに注いだ状態を表現。

ボディ
のどを通り越す抵抗感。さらりと飲みこめるものはライト、どっしりと重く通りすぎるものはフル、中間をミディアムと表現。

アロマとフレーバーを表すための用語

カラメル
砂糖を焦がしたこうばしい香り。

トースト香
パンを焼きあげたときに感じる香り。

スモーク香
燻製や煙、たき火を思わせる香り。

エステル
フルーティーな香り。

フェノーリック
クローブを連想するスパイシーな香り。

ダイアセチル
バタースコッチ、バターの香り。

DMS
コーン缶を開けたときに感じる香り。

日光臭（スカンキー）
ネコのおしっこや獣臭に近い不快な香り。

外観を表すための用語

ヘッドリテンション
ヘッドはグラスに注いだときの泡をさす。ヘッドリテンションは泡もちのよさ。

低温白濁（チルヘイズ）
低温時にビールが濁る現象。タンパク質などが原因。

意外に知らない!? ビールの常識

世界中のスタイルから
好みのビールを見つけよう

スタイルには、原則的にそれぞれ発祥した国があります。
どの国にどんなスタイルがあるのかを見てみましょう。
好きな国を見つけて、その国のスタイルのビールを飲んでみるのもいいですね。

ビールは主に2つの発酵で分けられる

スタイルは大きく、常温に近い温度で発酵する香り高い「エール（上面発酵）」と、低温で発酵するすっきりした「ラガー（下面発酵）」に分けられます。

主にドイツやチェコ、ベルギー、イギリスから始まったスタイルは、各地に広まり、その土地のよさを取り入れながら新しいスタイルへと進化していきました。なかでも、アメリカでは近年のクラフトビール人気の流れを受けて、数多くの「アメリカンスタイル」が生まれています。

その他、野生酵母でつくる「自然発酵」や、「ハイブリッド」など、上面でも下面でもかまわないスタイルも存在します。

細かいスタイルを覚える前に、まずは発酵の特徴を知っておくとよいでしょう。

ドイツ
GERMANY　　　　　　　　p.24

主流はラガー。地域性に富んだスタイルが揃う。

エール（上面発酵）
- ケルシュ
- アルト
- ヴァイツェン/ヴァイス（ヘーフェ・ヴァイス、クリスタル・ヴァイス、デュンケル・ヴァイス）

ラガー（下面発酵）
- ヘレス
- ジャーマン・ピルスナー
- デュンケル
- オクトーバーフェストビア
- シュバルツ
- ボック（ドッペルボック、アイスボック、マイボック）
- ラオホ
- ドルトムンダー

🇧🇪 ベルギー
BELGIUM　　　　　　　　p.48

ハーブやスパイスを使用したスタイルが多い。

エール（上面発酵）
- ベルジャンスタイル・ホワイトエール
- ベルジャンスタイル・ペールエール
- ベルジャンスタイル・ペールストロングエール
- ベルジャンスタイル・ダークストロングエール
- セゾン
- スペシャル・ビール
- フランダース・レッドエール
- フランダース・ブラウンエール
- ダブル
- トリプル
- アビィ ビール

自然発酵
- ランビック

各国のおもなスタイル

ビールの種類はスタイルの発祥した国で分類するとわかりやすいです。主な国はドイツ、チェコ、イギリス、ベルギー、アメリカなど。

イギリス
THE UNITED KINGDOM   p.72

華やかな香りが特徴の、エールビールが中心。

エール（上面発酵）
イングリッシュスタイル・ペールエール
イングリッシュスタイル・ブラウンエール
イングリッシュスタイル・インディアペールエール
ESB
イングリッシュ・ビター
ポーター
スコッチエール
インペリアルスタウト
スコティッシュエール
▶ バーレイワイン

アイルランド
IRELAND   p.73

コク深く、苦みのあるスタウトが人気。

エール（上面発酵）
▶ アイリッシュスタイル・ドライスタウト
▶ アイリッシュスタイル・レッドエール

ヨーロッパ全域
EURORE   p.90

人気のピルスナーを世界に発信。

ラガー（下面発酵）
インターナショナル・ピルスナー

チェコ
THE CZECH REPUBLIC   p.90

ピルスナー発祥の地。ピルスナーやダークラガーが中心。

ラガー（下面発酵）
▶ ボヘミアン・ピルスナー

オーストリア
AUSTLIA   p.90

ドイツの影響が強く、ピルスナーやヴァイツェンが多い。

ラガー（下面発酵）
▶ ウィンナースタイル／ヴィエナスタイル

アメリカ
THE UNITED STATES OF AMERICA   p.108

人気はアメリカンラガー。クラフトビールも急成長。

エール（上面発酵）
▶ アメリカンスタイル・ペールエール
▶ アメリカンスタイル・インディアペールエール
▶ インペリアル・インディアペールエール

ラガー（下面発酵）
▶ アメリカンラガー（ライトラガー、アンバーラガー）
▶ カリフォルニアコモンビール（スチームビール）

発祥不明
THE BIRTHPLACE IS UNKNOWN   p.108

昔ながらのハーブをリバイバルしたスタイル。

▶ コーヒーフレーバービール
▶ チョコレートビール
▶ ハーブ／スパイスビール
▶ 木樽熟成ビール

意外に知らない!? ビールの常識

そもそもビールってどんなお酒？

ビールは麦酒と書かれるように、麦を原料とした醸造酒で、ほかの原料としてはホップ、水、酵母があります。
（その他の副原料が入ることもある）

ビールの基本原料

麦
主に大麦。ほかに小麦、オート麦、ライ麦なども。ほとんどの場合、モルト（麦芽：麦に水を与え発芽を促したのち乾燥させたもの）として使用します。

水
ペールエールやダークラガーなど色の濃い味わい深いビールには硬水、ピルスナーなど色の薄いシャープなビールには軟水が適しています。

ホップ
アサ科のつる性多年草。松かさ状の「球花」（きゅうか）と呼ばれる房をつけています。苦みと香り、泡もちのよさ、防腐効果などの作用があります。

酵母〔イースト〕
直径5〜10マイクロメートルの微生物。糖をアルコールと二酸化炭素などに変えます。上面発酵酵母、下面発酵酵母、自然発酵ビールをつくる野生酵母も。

　ビールの主な原料は、麦、ホップ、水、酵母。これらの組み合わせと分量によって、ビールはできあがります。しかし、同じ麦芽と同じ水と同じホップを使ったとしても、酵母が変わればまったく違った香りと味わいのビールに仕上がります。同じように、酵母、水、ホップが同じでも、麦芽が違えば、色も香りも変わります。
　スパイスやフルーツ、コーヒー、チョコレートなどを使うことによっても、個性的でユニークな味わいがつくられます。

ビールの図鑑
KNOWLEDGE OF BEER

PART 1

世界の
ビールを
知ろう

ビールの世界は広大です。
まずは、世界のビールには
どんなものがあるか
各国の選りすぐりを紹介します。

BEER IN

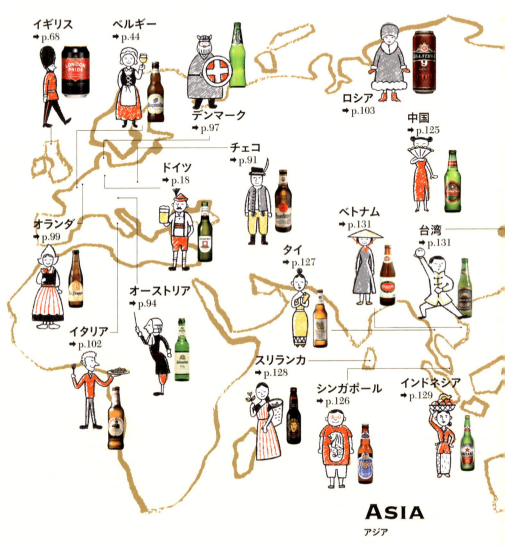

18　1. 世界のビールを知ろう

THE WORLD

おいしくて楽しい世界のビール
131本

ゴールド、レッド、ブラウン、ブラック…etc.
色とりどりに泡まで美しい世界のビール。
味と香りを多彩に楽しめるビールは、
びんもグラスも、ステキなデザインが揃います。
ここでは、味わいはもちろん、見て楽しい、知って楽しい、
そんなビールを世界中から厳選しました。
でもやっぱり、ビールは飲むことが一番楽しい！
気になるものがあれば、まずは飲んでみてください。

ドイツ

GERMANY

日本人になじみ深い
ラガー発祥の地
法律に守られた
純粋なビールが魅力

現在の日本でもっともポピュラーなスタイルである低温長期熟成のラガーは、15世紀ごろ南ドイツで誕生したビールです。黄金色でさわやかなのどごしのラガービールは、人々を魅了。18世紀に発明された冷蔵技術とともに世界中へ広まりました。日本にビールが入ってきたのは明治時代の初め。最初はイギリスのエールが主流でしたが、すっきりしたドイツのラガーが次第に人気を得ます。ドイツでビール醸造を学んだ日本人技術者も生まれ、ラガーは日本人になじみ深いものとなっていきます。

ドイツビールのおいしさの秘訣。それは法律とビールが大好きなドイツの国民性を反映した「ビール純粋令」にあります。ビールの原料を「麦芽、ホップ、水（後に酵母が追加される）」に限定した法律で、1516年4月23日に当時のバイエルン公ウィルヘルム4世によって制定されました。これは、食品の品質保証の法律として世界でもっとも古いもの。制定から500年近く経った現在でも、ドイツ国内で製造販売されるビールは、この法律に則ってつくられています。

南ドイツの都市ミュンヘンは、ビール純粋令の発祥の地であり、良質のビールをつくる「ビールの都」として有名です。秋には世界最大規模のビール祭り"オクトーバーフェスト"が開催され、世界中のビールファン垂涎の的になっています。

深い歴史をもつドイツでは、ビールはただの嗜好品というよりも、生活や文化の一部。醸造所では、先生に連れられて工場見学をする高校生集団にもよく出会います。ドイツでは16歳からビールを飲むことができるのです。見学の後はもちろん、できたてのビールで乾杯です。

Germany

GERMANY
AREA MAP
エリアマップ

ドイツ

各地の代表的なビール

北部
フレンスブルガー ピルスナー

北ドイツを代表する辛口のビール。ビールの糖度を下げ、モルトの風味よりもさわやかなホップの香りと苦みを強調している。クリーンでシャープな味わいが特徴。

ユーリゲ アルト クラシック

赤銅色でホップの苦みが効いた華やかな味。旧市街地に、「世界で一番長いバーカウンター」と呼ばれるレストランや酒場が軒を並べるエリアがあり、なかでもユーリゲのパブは人気が高い。

西部

Berlin

köln (Cologne)

東部
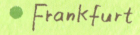

ケストリッツァー シュバルツビア

旧東ドイツのバート・ケストリッツ村でつくられるもっとも有名な黒ビール。村はもともと温泉が湧く保養地で、このビールが栄養補給に飲まれていた。力強くなめらかで、奥深い香りのビール。

Frankfurt

南部
（バイエルン地方、ミュンヘン）

シュパーテン オクトーバーフェストビア

ミュンヘンで600年の歴史をもつ、世界最大のビール祭り"オクトーバーフェスト"に出店できる公式醸造所のひとつ。祭りのために醸造される特別な一杯で、祭りではマスと呼ばれる1ℓのジョッキで提供されている。

パウラナー サルバトール

修道院の中で断食期間中に飲まれていたビール。市民にも売り出されるようになると、高アルコールのビールはたちまち人気に。多くの醸造所で語尾に「-tor」とつけたドッペルボック（p.25）が売られるようになった。

München (Munich)

22　1. 世界のビールを知ろう

地域で表情を変えるドイツビール

ドイツには約1300か所の醸造所、5000種類を超える銘柄があり、ひとりあたり年間104.2ℓものビールが消費されています（2016年）。この数字は日本の2.5倍。各町にひとつは醸造所があり地元のビールが愛飲されているのも特徴です。

北部

ハンザ同盟と貿易で栄えた歴史をもつ、風光明媚な土地。ビールは白く緻密な泡と薄い黄金色の液体が美しく、ドライでキリリと引き締まった味がします。一般的に南ドイツはモルティで色が濃いのに対し、北になるほどホップの香りと苦みが強く色が薄くなる傾向にあります。

東部

第二次世界大戦後、東ドイツに組みこまれた地域です。共産主義体制で物が不足するなかでも、地元のスタイルのビールをかたくなに守りました。統一後も派手さはないですが、実直なビールづくりをしている醸造所が多くあります。

ミュンヘン

ミュンヘンとはドイツ語で「僧侶の街」という意味があり、ミュンヘンとその近郊には修道院が数多く存在していました。その修道院で断食期間中の栄養補給のためにつくられたのがドッペルボック(p.25)です。

バイエルン地方

ビールのお祭り"オクトーバーフェスト"やビアガーデンなど、日本でよく知られているドイツのビール文化は南ドイツのものが多いようです。ドイツ国内の醸造所のうち、半数は南部のバイエルン州にあります。またホップの名産地ハラタウを抱えています。

西部

ドイツビールがラガー製法にとってかわられつつあるなか、伝統的な上面発酵でつくり続けています。ケルンとデュッセルドルフは快速電車で30分と近いですが、伝統的に犬猿の仲で、いまでもサッカーや政治の場でなにかといがみ合います。お互いの街で、相手のビールを飲むことはできません。

18世紀まで小さな国（領邦国家）の集まりだったドイツでは、ビールは地元でつくられ地元で消費されるものでした。種類や風習もその土地ならではのものとして、現代にも残っています。

南部のバイエルン州のビアガーデンも特別な風習のひとつ。冬が終わると、公園や広場には長椅子と長テーブルが置かれビアガーデンがオープンします。バイエルン州にはビアガーデンの条例があり、緑に囲まれた環境で木陰にベンチを置くこと、食べ物のもちこみが許可されることが定められています。

ケルンやデュッセルドルフなどの西部の都市では、200㎖ほどの細長いグラスでビールが提供され、グラスの上にコースターを乗せない限りウエイターが延々とおかわりのビールをもってきます。

一方、南ドイツでは、ビールはマスと呼ばれる1ℓのジョッキか500㎖のグラスで提供。屋外で飲むことの多くなる夏場には、コースターは木の葉などがグラスに入るのを防ぐ蓋の役割も担っています。

STYLE
ドイツの主なスタイル

エール（上面発酵）
ALE

ケルシュ

ケルンでつくられる淡色系のビール。シャルドネに似たさわやかな甘みがある。上面発酵の酵母を下面発酵に近い低温で熟成させることで、シャープさもあわせもつ。なお、ケルシュとはケルン地方でつくられたビールのみで、それ以外は「ケルシュ風」となる。

アルト

デュッセルドルフ近郊で、18世紀ごろからつくられている中濃色のビール。ドイツ語で「古い」を意味し、当時新しいスタイルであった下面発酵に対して名づけられた。フルーティーな香りが特徴。苦みの幅が広く、強いものから弱いものまである。

ラガー（下面発酵）
LAGER

ヘレス／ミュンヘナーヘレス

ドイツ南部のミュンヘンでつくられたビール。ドイツ語で「薄い」という意味のヘレスは、文字通りの淡い色と、苦みの少ないライトな味わいが魅力。

デュンケル（ドュンケル）

ヘレスと並び、ミュンヘンでつくられたビール。ドイツ語の「暗い」を意味するデュンケルはその名の通り濃暗色のビール。口当たりが軽く、まろやか。

ジャーマンピルスナー

チェコのピルゼンで生まれたピルスナーのドイツ版。ドイツ全土でつくられている。北部はホップの苦みが強くドライでシャープ、南部はホップの苦みは抑えめでモルトの味わいが強い傾向にある。

オクトーバーフェストビア（メルツェン）

9月から10月にかけて行われる世界最大のビール祭り「オクトーバーフェスト」で飲まれるビール。3月に仕込まれるため、メルツェン（3月）とも呼ばれる。モルト感とアルコール度数が通常のピルスナーより強い。

ヴァイツェン／ヴァイス
(ヘーフェヴァイツェン、クリスタルヴァイツェン、デュンケルヴァイツェン)

南ドイツで生まれた小麦のビール。ヴァイツェンは小麦の意味。伝統的なヘーフェは、酵母入りでくすんでいるためヴァイス(ドイツ語で「白い」という意味)とも呼ばれる。ヘーフェから酵母をろ過したクリスタル、また濃色系のデュンケルなどがある。バナナやクローブの香りが漂い、苦みの少ないビール。

シュバルツ

バイエルン地方発祥といわれるビール。ドイツ語の「黒」を意味するシュバルツは、その名の通り黒色のビール。ローストしたモルトのこうばしさが特徴。

ボック

アルコール度数の高いビール。ドイツ語で「2倍」を表すドッペルボックはさらにアルコール度数が強い。アイスボックはボックを凍らせることでアルコール度数を高くしたもの。マイボックは5月(マイ)に飲まれるボック。

ラオホ

南部の都市、バンベルグ発祥のビール。スモークしたモルトを使うことにより、ビール全体から燻製香が漂う。ブナで燻す手法が伝統的とされている。

ドルトムンダー

西部の都市、ドルトムントでつくられたピルスナーを踏襲したビール。ピルスナーよりホップの苦みと香りは弱めだが、ボディは強く味も濃い。

醸造所の近代化を牽引した歴史的なビール
Spaten
シュパーテン
ミュンヘナーヘル（プレミアムラガー）

LABEL
シュパーテンはドイツ語で「スコップ」を意味する。スコップ両脇の「G」「S」は、醸造所の基礎を築いたガブリエル・ゼードルマイルの頭文字。

飲み口はさわやか。洋ナシのような香りと、モルトの甘みが好バランス。

アロマ ● 窯から出したばかりのパンのような温かみのある香り。ホップの香りもさわやか。
フレーバー ● 苦みはほのかで、モルトの心地よい甘みが全体を包む。洋ナシやジャスミンのようなフレッシュなフレーバーが特徴的。

明るく淡い透明な黄色。泡はレースのように白くきめが細かい。

ミディアム。モルトの甘みと温和なアルコール感で、艶のあるなめらかなのどごし。

〈主なラインナップ〉
・オプティメーター
・オクトーバーフェストビア（P.27）

DATA
シュパーテン ミュンヘナーヘル（プレミアムラガー）
スタイル ミュンヘナーヘレス（下面発酵）
原料 大麦麦芽、ホップ、水
内容量 355㎖
度数 5.2%
生産 シュパーテン・フランツィスカーナー醸造所

問 ザート・トレーディング

1397年創業のシュパーテン醸造所は、ビール醸造の近代産業化に大きな功績を残す醸造所である。
　上面発酵のエールが主流だった19世紀、同醸造所のガブリエル・ゼードルマイヤーがウィーンの技師とともに下面発酵（ラガー）酵母の分離に成功。当時発明されたばかりの冷凍機を世界で初めてビールづくりに応用し、低温熟成の下面発酵ビールの製法を確立した。

　シュパーテン醸造所は、世界最大のビール祭りオクトーバーフェストの6大公式醸造所でもある。オクトーバーフェストで飲まれるメルツェン（オクトーバーフェストビア）を初めてつくったのも同醸造所である。そのため、敬意を表して祭り初日はミュンヘン市長がシュパーテンの樽に飲み口を打ちこむのを合図に、約2週間にわたる祭りの開始が宣言される。

華やかなパレードに
想いをはせるお祭りビール

Spaten
シュパーテン
オクトーバーフェストビア

LABEL
世界最大のビール祭り「オクトーバーフェスト」のパレードで披露される、シュパーテンのビール樽を積んだ華やかな馬車の図柄。

- **アロマ** ● 白桃を思わせる甘いモルト香とカラメルモルトのこうばしい香り。
- **フレーバー** ● 淡いレモンの香りと、ナッツのようなモルトの余韻がふわりと広がる。

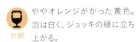

やややオレンジがかった黄色。泡は白く、ジョッキの縁に立ち上がる。

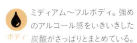

ミディアム〜フルボディ。強めのアルコール感をいきいきした炭酸がさっぱりとまとめている。

DATA
シュパーテン
オクトーバーフェストビア
スタイル
メルツェン/
オクトーバーフェストビア（下面発酵）
原料
大麦麦芽、ホップ、水
内容量
500ml
度数
5.9％
生産
シュパーテン・フランツィスカーナー醸造所

商 ザート・トレーディング

メルツェン（スタイル）は、夏用ビールの最後の仕込みが3月（メルツ）であったことに由来する。冷蔵技術が未発達の時代、酸敗防止のため徹底した管理の下でつくられたビールは、高品質で非常に美味であった。そのためオクトーバーフェストも評判になったという。

ドイツでもっとも知られている
プレミアムな一杯

Bitburger
ビットブルガー
プレミアム ピルス

LABEL
白とゴールドで構成されたデザインはこのビールの色と泡と同じ美しさ。ビクトリア時代を彷彿させる洗練されたラベル。

- **アロマ** ● 刈り取ったばかりの瑞々しい草の香りと青リンゴのフレッシュな香り。
- **フレーバー** ● クリーンで上品なモルト感と、さわやかなホップの香り。余韻にこうばしいモルトの香りを残す。

濃い黄金色。泡は純白でメレンゲのようにふんわり。

ライト〜ミディアムボディ。クリーンなモルトの風味とノーブルなホップの苦みのバランスがよい。

DATA
ビットブルガー
プレミアム ピルス
スタイル
ピルスナー
（下面発酵）
原料
大麦麦芽、ホップ、水
内容量
330ml
度数
4.6％
生産
ビットブルガー社

ドイツ西部にある名水の郷ビットブルクにある醸造所で、厳選された原料を使い伝統的な長期低温発酵でつくられている。

こうばしいホップの風味と、上品ですっきりとしたホップの苦みのハーモニーは秀逸で、ドイツ国内にもファンが多い。

ドイツ

ドイツの歴史をつくってきたミュンヘナーヘレス

Hofbräu München

ホフブロイ・ミュンヘン
オリジナルラガー

LABEL
ミュンヘンにあるホフブロイハウスの建物が描かれている。HBのイニシャルの上にはかつてバイエルン公の宮廷醸造所だったことを示す王冠。

ミュンヘンの伝統的なラガービールは「ドゥンケル（「濃い」の意）」と呼ばれる褐色ビールだったが、19世紀後半に降盛したチェコのピルスナーに対抗するために「ヘレス（淡い）」スタイルが開発された。ミュンヘンの水はミネラル分が多く、ホップよりもモルトのニュアンスが強調される。

アロマ ● 花のような甘いニュアンスを感じさせる上質なモルトの香り。
香り
フレーバー ● 干した麦わらのような、こうばしいモルトの香りが口いっぱいに広がる。苦みは淡く、甘みの余韻がある。

輝く麦のような黄金色。泡はきめ細かく豊か。
外観

ミディアムボディ。味わいは強く、のどごしはやわらかい。
ボディ

〈主なラインナップ〉
・ドゥンケル
・ミュンヘナーヴァイス
・シュバルツヴァイス
・マイボック
・オクトーバーフェストビア

DATA
ホフブロイ・ミュンヘン
オリジナルラガー
スタイル ミュンヘナーヘレス
　　　　（下面発酵）
原料 大麦麦芽、ホップ、水
内容量 330mℓ
度数 5.1%
生産 ホフブロイ・ミュンヘン
　　 醸造所

キレ
香り　コク
苦み　酸味
　甘み

問 アイエムエーエンタープライズ

　ミュンヘンを訪れた人が必ず立ち寄る観光名所「ホフブロイハウス」は、世界でもっとも有名なビアホール。連日お祭りムードの巨大な店内では、民族衣装を着た音楽隊がバイエルンの陽気な音楽を演奏している。「乾杯の歌（Ein Prosit）」を、世界各国から訪れた客同士がともに歌い、陽気にジョッキを傾ける。
　1589年にバイエルン公ヴィルヘルム5世により宮廷醸造所として開設された「ホフブロイハウス」は、ミュンヘンのビール醸造のお手本になった。現在は州立醸造所として操業しながら、世界中にミュンヘンのビールを輸出している。
　ドイツのビアホールには「Stammtisch」と呼ばれる常連客のための席が設けられており、とくに年季の入った常連客は、店に自分専用のジョッキを預けることができる。「ホフブロイハウス」にマイジョッキを置くことは、ミュンヘンっ子の名誉なのだそう。

28　1. 世界のビールを知ろう

世界最古の修道院付属醸造所がつくるビール
Weltenburger
ヴェルテンブルガー
バロックデュンケル

Germany

LABEL
背景には自給自足をしていた頃の畑と森、赤い屋根と尖塔をもつ修道院、その手前にはドナウ河が描かれている。

〈主なラインナップ〉
・ピルス
・アッサムボック
・ヘフェヴァイスビア・ヘル
・アノ1050

World Beer Cup（2年に1回アメリカで行われるもっとも権威あるビールのコンペティション）やDLG（ドイツ農業協会の品質保証）など国内外で多くのメダルを獲得している。

アロマ ● ローストされたモルトのこうばしさの後ろに、華やかなホップの香りが隠れている。
香り

フレーバー ● チョコチップクッキーのようなモルトの甘い風味。最後にはこんがりと焼かれたトーストやしょう油のようなこうばしさを残す。

赤みがかった茶色。透明感がある。泡はチョコレートミルクのような褐色。
外観

ミディアムボディ。アルコールのニュアンスは弱く、色ほどの重さはなく、すっきりと飲みやすい。
ボディ

〈 DATA 〉
ヴェルテンブルガー・
バロックデュンケル
スタイル　デュンケル
　　　　　（下面発酵）
原料　大麦麦芽、ホップ、水
内容量　330mℓ
度数　4.5％
生産　ヴェルテンブルク
　　　修道院付属醸造所

撮影 月桂冠

　現在稼働している修道院付属の醸造所としては世界最古。ヴェルテンブルク修道院の起源は7世紀。1050年にはビールをつくっていたという記録が残り、ヴァイエンシュテファン（P.37）やアンデックスとその古さを競っている。
　祈りと労働を神への奉仕と考えたヴェルテンブルク修道院は、俗世との接触を拒むかのようにドナウ河の川縁に建てられた。現在でもレーゲンスブルクから流れの速いドナウ河を船で遡るか、切り立った崖の上の道を車で走るかでなければ辿り着けない陸の孤島である。そのため修道院は、度々ドナウ河の氾濫による危険にさらされてきた。ビールだけでなく、バロック様式の美しい修道院と黄金に輝く祭壇が有名。中庭は夏季限定でビアガーデンになっており、訪れた人たちを新鮮なビールでもてなしてくれる。
　季節限定のビールも含め10種類ほどのビールを醸造しており、どれも評価は高い。

ドイツ

ドイツの高アルコールビールの代表格
EKU28
エク28

LABEL
「EKU」が目立つように赤色の文字で中央に配されたシンプルなラベル。

アルコール度数が高く、香りもコクも深みがある。専用グラスでブランデーのように温めながら飲むと、香り立ちが良いのでおすすめ。

 アロマ ● フルーティーで芳醇な香り。
香り
フレーバー ● 繊細なホップの香りが鼻に抜ける。

 赤みのある深い茶色。泡も同様に薄く茶色がかっている。
外観

 フルボディ。後味が甘く感じるコクの深さがある。
ボディ

DATA
エク28
スタイル ドッペルボック
（下面発酵）
原料 麦芽、ホップ、水
内容量 330ml
度数 11.0％
生産 クルムバッハ醸造所

問 廣島

クルムバッハ醸造場が位置する、ドイツバイエルン州の北東部に位置するフランコニア地方は、ビール大国ドイツの中でも多種多様なビールが造られていると言われている。そんなフランコニア地方のビールの中で、もっとも特徴あるビールとされているものが、このビールだ。名前の由来は、このビールを醸造するクルムバッハ第一共同醸造所（現在は社名は変更）からきている。「E」は、Erste（英語のFirst）を表し、「K」は醸造所のある街の名前のKulmbach、「U」はEKU28を造った2つの醸造所の結合を意味するUnionからきており、28という数字は麦汁エキスのパーセンテージを意味する。1872年に誕生し、1516年に施行された「ビール純粋令」に則って水とホップと麦芽のみで醸造されている。

9か月もの長期間で超低温熟成を行って醸造された「エク28」は、11％とアルコール度数が高く、麦本来の甘味と深いコクが味わえる。7〜9℃が一番飲みごろの温度。

最北の港町がつくったドライなビール
Flensburger
フレンスブルガー
ピルスナー

LABEL
北海の国々との貿易で栄えた海の街らしく、ラベルには海と船、市の紋章である獅子と赤い塔が描かれる。

グラスを注いだときに、きめ細かい泡が立ちあがる。アルコール度数もそこまで高くないので、あっさり飲める爽快なビール。

 Germany

香り
アロマ ● さわやかで、清々しいホップの香り。
フレーバー ● モルトの香りは控えめ。ホップの主張が華やかで青々と口いっぱいに広がる。

外観
クリアで明るいゴールド。白く豊満な泡はなかなか消えずにグラスに留まっている。

ボディ
ミディアムボディ。舌を刺激する苦みや炭酸が強く、すっきりとしたキレに満足感が高い。

〈主なラインナップ〉
・ドゥンケル
・ヴァイツェン
・ゴールド

（DATA）
フレンスブルガー ピルスナー
スタイル ピルスナー（下面発酵）
原料 麦芽、ホップ、水
内容量 330ml
度数 4.8%
生産 フレンスブルガー醸造所

問 ザート・トレーディング

　ドイツ最北端の港町フレンスブルグにある、フレンスブルガー醸造所。その醸造所でつくる、ドライなビールはしっかりとしたホップの苦みが特徴。ドイツでは、北へ行けばいくほど麦芽の甘みよりホップの苦みの強いビールが多いと言われていて、最北端の醸造所で作られたこのビールは、ドイツのなかでもトップクラスの辛さとキレをもつ。栓抜きのいらないスウィングトップが、開栓時にポンッ！といい音を聞かせてくれる。

　ドライな飲み口だからどんな料理にも合うが、港町のビールということで、魚料理に合わせたいところ。「ピルスナー」のほか、りんごのような風味が特徴的な「ヴァイツェン」や香ばしさとミネラル感のある「ドゥンケル」など、どれも甘さ控えめで、ドイツ最北端ならではの味わいで楽しませてくれる。

31

ドイツ

修道院がつくる「液体のパン」
Paulaner
パウラナー
サルバトール

LABEL
僧侶が蓋のついたジョッキにあふれんばかりのビールを入れて、貴族に差し出す場面が木の板に描かれたデザイン。ブランドのエンブレムは15世紀イタリア、バオラ生まれの聖人フランシスコ。

〈主なラインナップ〉
・オクトーバーフェストビア
・ヘフェヴァイスビア
・ヘフェヴァイス ドゥンケル アルコールフリー
・オリジナル ミュンヘナー ドゥンケル

醸造所隣接のホールでは、毎年3月に「シュタルクビアフェスト（強いビール＝ドッペルボックの祭り）」が開催。オクトーバーフェストさながらの熱気がある。

香り
アロマ ● 焦がしたカラメルの甘い香り。ウイスキーのようなアルコールの香りも。
フレーバー ● ドライフルーツのような甘くしっとりとした香り。カリッと焼かれたビスケットのようなこうばしさと、かすかにシガーの焦げ感も感じる。

外観
やや赤みをもつ茶色。泡は薄い褐色で、なめらかに盛り上がる。

ボディ
フルボディ。高いアルコールの温かさを感じる。ホップの香りはほとんどなく、舌に心地よい苦みを残す。

DATA
サルバトール
スタイル ドッペルボック／ダブルボック
（下面発酵）
原料 大麦麦芽、ホップ、水
内容量 330 mℓ
度数 7.9％
生産 パウラナー醸造所

キレ
香り　コク
苦み　酸味
甘み

図 アイコン・ユーロパブ

　パウラの聖フランシスコ会修道士により、1634年に建てられた修道院のビール。麦のエキス分を凝縮しアルコール度数を高めたこのビールは、4月の復活祭に先立つ2週間の断食を乗りきるための「液体のパン」として修道院で飲まれていた。
　1780年から「サルバトール（救世主）」と名づけて一般販売したところ、これにならい多くの醸造所が「-tor」の名をつけてドッペルボックをつくるようになった。醸造所はミュンヘン市内を流れるイーザル河の東南ノックハーベルクの丘にあり、隣接するビアガーデンやレストランは市民の憩いの場にもなっている。また、オクトーバーフェストの会場テレージエンヴィーゼの南には自家醸造の酒場があり、店の地下でつくられる新鮮なビールが楽しめる。ドッペルボックのほかにも、ヴァイツェンやヘレスなど多数のスタイルを展開。
　サッカークラブチームの強豪、バイエルンミュンヘンの公式スポンサーでもある。

王室専売の小麦ビールを受けつぐ
Schneider Weisse
シュナイダー ヴァイセ
TAP7 オリジナル

〈主なラインナップ〉
・TAP1 ヘレヴァイセ
・TAP2 クリスタル
・TAP4 フェストヴァイセ
・TAP5 ホッペンヴァイセ
・TAP6 アヴェンティヌス
・アヴェンティヌス アイスボック(右)

一度飲んだら忘れられない芳醇なビール
Schneider Weisse
シュナイダー ヴァイセ
アヴェンティヌス アイスボック

Germany

LABEL
グラスラベルの人物は16世紀にバイエルン地方の歴史と地図をまとめたアーベンスベルクのヨハネス・トゥーアマイア。アベンティヌスと名乗っていた。

アロマ ● シナモンのようなスパイシーな芳香とバナナの風味。
フレーバー ● 南国のフルーツの香り、小麦の香り、煎ったナッツのようなこうばしさがまじわり、奥行きがある。

温かみのあるオレンジ色。泡はやや黄みがかり、豊かに盛り上がる。

ミディアム〜フルボディ。濃厚でクリーミーほのかな酸味とスパイシーさがアクセント。

〔DATA〕
TAP7 オリジナル
スタイル
ヘーフェヴァイツェン
(上面発酵)
原料
大麦麦芽、小麦麦芽、ホップ、水
内容量
500㎖
度数
5.4％
生産
シュナイダー醸造所

問 昭和貿易

アロマ ● グローブやシナモンのようなスパイシーさとドライフルーツの凝縮された甘い香り。
フレーバー ● 干しブドウ、プルーン、ナッツ、熟したバナナなど何層にも重なる複雑な香り。

紅褐色で奥行きがある色合い。泡はややグレーがかっている。

フルボディ。濃縮された深い香りと強いアルコールの温もりがある。

〔DATA〕
アヴェンティヌス アイスボック
スタイル
ヴァイツェン・アイスボック(上面発酵)
原料
大麦麦芽、小麦麦芽、ホップ、水
内容量
330㎖
度数
12.0％
生産
シュナイダー醸造所

問 昭和貿易

　創業者ゲオルグ・シュナイダー1世が、王室の専売特許であった小麦ビールの醸造権を購入した1872年当時のレシピそのままにつくられている「TAP7」。ミュンヘン中心部にある直営店『ヴァイセスブロイハウス』は、世界で一番おいしいヴァイスビアを飲ませる店として地元に愛されている。

　小麦を用いたビール(ヴァイスビール)を専門とする醸造所として有名な、シュナイダー醸造所がつくるアイスボック。アルコール度数が高い同醸造所の「TAP6 アヴェンティヌス」を冷凍し、凍った水分だけを取り除くことでアルコール度数と麦芽濃度を高めて濃厚に仕上げている。

ドイツ

ミュンヘンが憧れた元祖ボックビール
Einbecker
アインベッカー
マイウルボック

LABEL
元祖ボックビールを象徴するかのように、クラウンを冠したEの文字がデザインされたエンブレム。光沢のあるラベルでプレミア感がある。

5月の春祭りに向けてつくられる特別なボック。しっかりとした味わいの中に春を感じさせるフレッシュでスパイシーなフレーバーが特徴。3月末から出荷され、5月の中旬には売り切れてしまう。

香り
アロマ ● 刈り草のようなやわらかな香りと甘い香り。かすかに天然のハチミツのようなスパイシーな香りも。
フレーバー ● リンゴのようなさわやかさと酸味、焼きたてのケーキを思わせるこうばしいトースト香をあわせもつ。

外観 やや赤みを帯びた濃いゴールド。

ボディ ミディアム〜フルボディ。モルトのしっかりとしたキャラクターとアルコールの温かみが感じられ、飲みごたえがある。

〈主なラインナップ〉
・ピルス
・ウルボック ヘル
・アルコールフリー
・ドゥンケル

DATA
マイウルボック
スタイル マイボック
（下面発酵）
原料 大麦麦芽、ホップ、水
内容量 330mℓ
度数 6.5％
生産 アインベッカー醸造所

ボック発祥の地、アインベックでつくられるビールで、ウルボックとは「元祖ボック」という意味。17世紀、ビール醸造の中心地だったアインベックから、醸造家をミュンヘンに連れてきてラガー製法を取り入れたのがボックビールの始まり。その語源は「アインベック」が「ボック」と訛ったとも、雄ヤギ（Bock）のように力強いからともいわれている。

1250年ごろから、アインベックでは一般家庭でビール醸造が行われており、煮沸釜を大きな車輪がついた台車に乗せ、馬車で家々をまわって売っていた。いまでも古い家の入口は背の高い煮沸釜が通れるよう、高いアーチ状になっている。17世紀に起こった30年戦争で街は破壊され、各戸での醸造は不可能になった。そのため、市民は街の裏手に共同で新たな市民醸造所をつくり、それが現在のアインベッカー醸造所になる。宗教改革の主唱者であるルターも「人類にとってもっともおいしい飲み物はアインベッカービール」と称賛。

ゲーテも愛したビターチョコのような黒ビール
Köstritzer
ケストリッツァー
シュバルツビア

Germany

LABEL
現在のラベルには醸造所の元になった地元貴族の紋章が描かれている。以前のラベルにはこのビールのファンだったというゲーテの肖像が描かれていた。

シュバルツとはドイツ語で黒を意味する。その名の通り外観は深い黒。ビターチョコを思わせるほろ苦さと優しい甘み。色から連想されるほどの重さはなく、すっきりとしている。

アロマ ● 焙煎された麦芽のほろ苦さを感じさせる香り。カカオやナッツの香りも。
フレーバー ● ビターチョコレートを感じる風味。イチジクのようなふくよかな香りも漂う。

深い黒。光に透かすと若干の赤みも見て取れる。泡は薄い銅色。

ミディアムボディ。シャープなのどごしに仕上がる下面発酵酵母を使っているため、濃色から予想される重さはない。

〈主なラインナップ〉
・ピルスナー

DATA
ケストリッツァー
シュバルツビア
スタイル シュバルツ
（下面発酵）
原料 大麦麦芽、ホップ、水
内容量 330㎖
度数 4.8％
生産 ケストリッツァー社

　ライプツィヒの南西50kmに位置するバート・ケストリッツ村でつくられるビール。ドイツを代表する文豪ゲーテが愛したことでも有名。「ゲーテはスープも肉も食べない。彼はビールと小さなパンで生きている。召使にケストリッツァーの黒ビールか、茶褐色のビールを注文するだけだ」という友人の書簡が、ゲーテの愛飲ぶりを証明している。
　創業は1543年。副原料が認められていた旧東ドイツの時代には、砂糖を加えたものも販売されていた。1950年代までは樽詰めのみでびん詰めはされておらず、市民は晩酌用やお土産用にと空きびんにこのビールを入れて家にもち帰っていた。1991年にビットブルガー社の傘下に入ったことで販路を広げ、現在はシュバルツといえば「ケストリッツァー」といわれるほどドイツでの知名度は高い。
　9℃くらいに冷やした状態から飲み始め、次第に温まって香りが開いてくるのを楽しむのもツウな飲み方。

🇩🇪 ドイツ

スモーク香漂う、パンチの効いた燻製ビール
Schlenkerla

シュレンケルラ
ラオホビア メルツェン

アロマ ● 強烈なスモーク香。スコッチウイスキーやブラックコーヒーに似た香りも。

香り

フレーバー ● たき火の木に浮き出したオイルの香り。焦げたトーストや煎ったナッツのようなこうばしさも、煙の香りとともに口の中から鼻に突き抜ける。

外観
紫がかった漆黒。泡はやや褐色でボリュームがある。

ボディ
フルボディ。口いっぱいにスモークの香りが立つ。舌触りはクリーミー。ほのかな酸味がある。

LABEL
Aechtは古いドイツ語で「真の」の意味。

国内外で数々の賞を取っている。個性的な味わいは好みを二分するが飲み進めるとやみつきになる。スモークしたチーズやベーコンとの相性は最高。

〈主なラインナップ〉
・ラオホビア ヴァイツェン
・ラオホビア ラガー
・ラオホビア ウルボック

DATA
シュレンケルラ
ラオホビア メルツェン
スタイル ラオホ(下面発酵)
原料 大麦麦芽、ホップ、水
内容量 500㎖
度数 5.1%
生産 ヘラー醸造所

問 昭和貿易

　1678年からの歴史をもつシュレンケルラ醸造所でつくられている。醸造所があるバンベルク旧市街地は、中世の街並みをそのまま残しており「小ベニス」とも呼ばれている。街の景観は美しく、ユネスコ世界文化遺産に登録されている。

　ラオホとはドイツ語で「煙」のこと。その名の通り、煙の香りが強烈なビール。「ラオホビア」のもとになる麦芽は、焙煎時にブナの木が燃える火の上に直接さらして乾燥させている。麦芽が煙で燻されるこ

とにより、その独特の風味がつく。ブナの木は3年間寝かせて乾燥させた地元フランケン地方のものが使われている。醸造所直営のレストランでは木樽に詰められたラオホを飲むことができ、観光客やビールファンでにぎわう。

　市内にある10軒の醸造所のうち、常時ラオホビールをつくっているのはシュレンケルラとシュペッツィアルの2軒の醸造所のみ。シュレンケルラのものは非常に強いスモーク香が特徴。

現存する最古の醸造所がつくる可憐なヴァイツェン

Weihenstephaner

ヴァイエンシュテファン
クリスタルヴァイスビア

Germany

香り
アロマ ● 青みが少し残ったバナナのような清々しさと、シャルドネを思わせる甘い香り。
フレーバー ● 花のような繊細さと、トロピカルフルーツのような豊かでさわやかな香りが重なる。

外観
クリアで明るい黄金色。白い泡は豊かでしっかりとしている。

ボディ
ライトボディ。ジューシーな味わいは、のどにひっかかることなくするすると飲める。

LABEL
バイエルン州の公営企業であることを示す、2匹の獅子がエンブレムを支えるデザイン。下線の「ALTESTE BRAUEREI DER WELT」は、世界でもっとも古い醸造所を意味する。

フィルターで酵母をろ過したことにより、ヴァイツェン独特のバナナのような香りは弱くすっきり。ヴァイツェン初心者でも飲みやすい。

〈主なラインナップ〉
・ヘフェヴァイスビア
・ヘフェヴァイスビア デュンケル

DATA
ヴァイエンシュテファン
クリスタルヴァイスビア
スタイル クリスタルヴァイツェン（上面発酵）
原料 大麦麦芽、小麦麦芽、ホップ、水
内容量 500ml
度数 5.4%
生産 ヴァイエンシュテファン醸造所

販 日本ビール

ミュンヘンの北、空港に近いフライジングの丘に建つ現存する世界最古の醸造所、ヴァイエンシュテファン。725年ベネディクト派の伝道師が建てた修道院から始まり、1040年にはビール醸造が始まっていたとされている。

ナポレオンの進撃によって修道院は閉鎖になり、現在はバイエルン州の公営企業として運営。敷地内のミュンヘン工科大学には、世界中から研究者や学生が集まり、世界のビール醸造をリードしている。最古の醸造所として、伝統と格式をもちつつ、新しい技術を開発するシンクタンクとして敷地内には研究施設が多数点在している。醸造所は緑に囲まれ、レストランとビアガーデンでできたてのビールを味わうこともできる。

「クリスタルヴァイスビア」のほか、酵母入りの「ヘフェヴァイスビア」も有名。同ブランドはビールのみならず、牛乳やチーズなどの乳製品も製造し、ミュンヘン市民の食卓に上っている。

🇩🇪 ドイツ

まろやかでフルーティーなヴァイツェン
Franziskaner
フランツィスカーナー
ヘーフェヴァイスビア

〈主なラインナップ〉
・ヴァイスビア ドゥンケル
・ヴァイスビア クリスタルクラー

LABEL
フランシスコ会修道士が描かれたラベルは、醸造所のビールの歴史と由緒、卓越した品質を表す。

アロマ ● クローブのようなスパイシーな香りとフルーティーなふくよかさ、焼きたてのパンのような温かみのある香り。
フレーバー ● 熟したバナナのような甘い香りから、ほのかな柑橘類と酵母の風味へつながる。

外観 たっぷりの酵母で白く濁った濃いオレンジ色。泡はきめが細かくこんもり盛り上がる。

ボディ ミディアム〜フルボディ。クリーミーで淡い酸味、バランスのとれた奥深い味わい。

DATA
フランツィスカーナー ヘーフェヴァイスビア
スタイル
ヘーフェヴァイツェン（上面発酵）
原料
小麦麦芽、大麦麦芽、ホップ、水
内容量
355mℓ、500mℓ
度数
5.0%
生産
シュパーテン・フランツィスカーナー醸造所

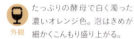ザート・トレーディング

酵母の自然な濁りが特徴的な、うまみたっぷりで力強い味わいのバイエルンを代表するヴァイスビール。小麦麦芽を贅沢に使用した、伝統的な上面発酵製法でつくり上げている。
　びんの底に沈殿している酵母をグラスに注ぎ、最後まで味わいたい。

ドイツでもっとも売れているヴァイスビア
Erdinger
エルディンガー
ヴァイスビア

〈主なラインナップ〉
・ヴァイスビア デュンケル
・ヴァイスビア クリスタル

LABEL
麦へのこだわりがラベルに象徴されている。タンパク質の少ない種類を選び、契約農家で栽培している。

アロマ ● 甘くフルーティーなバナナの香りが強い。オレンジや洋ナシのようなフレッシュな香りも続く。
フレーバー ● ヴァイツェン特有のバナナやクローブの香りは、アロマに比べ控えめ。レモンのような酸味と酵母の吟醸香も。

外観 白く濁りがある黄金色。しっかりした泡は高く湧き上がる。

ボディ ミディアム〜フルボディ。すっきりして食事にも合わせやすい。

DATA
エルディンガー・ヴァイスビア
スタイル
ヘーフェヴァイツェン（上面発酵）
原料
大麦麦芽、小麦麦芽、ホップ、水
内容量
500mℓ
度数
5.6%
生産
エルディンガー・ヴァイスブロイ

ドイツでもっとも飲まれているヴァイスビアシリーズであるエルディンガー。ミュンヘン中心部より北東30kmのエルディングにある醸造所は、ヴァイスビールに特化していることで有名。
　華やかで控えめな香りは、ヴァイツェン初心者でも飲みやすい。

ケルンが生んだ
黄金色に輝くビール
Früh Kölsch
フリュー ケルシュ

エールとラガーのいいトコ取りな
ハイブリットビール
Gaffel Kölsch
ガッフェル・ケルシュ

Germany

LABEL
醸造所に近いケルン大聖堂にはキリスト教新約聖書に記載された三賢者の王冠が収められており、ラベルにはその三賢者の王冠が配されている。

LABEL
ガッフェルとはケルシュの発展に貢献した中世のギルド（同業組合）の一派のこと。エンブレムの人物はケルンの紋章をもつ。

アロマ ● 麦のやわらかい香りと、フルーティーで華やかな香り。
フレーバー ● 上品なホップの香りが広がる。

クリアで、淡い黄金色。クリーミーなきめ細かい泡は、ふわっと立ち上がる。

ライト～ミディアムボディ。さわやかな口当たりとホップの苦みですっきりとした味わい。

DATA
フリュー ケルシュ
スタイル
ケルシュ
（上面発酵）
原料
麦芽、ホップ
内容量
330㎖
度数
4.8％
生産
フリュー醸造所

問 昭和貿易

アロマ ● スミレのような花の香りとシャルドネのようなジューシーさ。
フレーバー ● 繊細で上品なホップの香り。白いパンのような麦のやわらかい香りをほのかに感じる。

やや白濁した黄金色。泡はきめが細かく長くグラスに留まっている。

ライト～ミディアムボディ。フルーティーだが、甘みが少なく引き締まったライトな味わい。

DATA
ガッフェル・
ケルシュ
スタイル
ケルシュ
（上面発酵）
原料
大麦麦芽、小麦麦芽、ホップ、水
内容量
330㎖
度数
4.8％
生産
ガッフェル醸造所

　ケルシュはビールにはめずらしい原産地統制呼称。ケルン近郊の24醸造所でつくられるものだけがケルシュと名乗ることができる。
　上面発酵酵母を低温長期熟成で醸造させることで、フルーティーな香りとホップの苦みが下に残って、余韻まで楽しめる。

　ケルシュは、上面発酵酵母を使うが低温で熟成される。これにより上面発酵のようなフルーティーな香りが漂いながらもシャープな味わいに仕上がっている。
　なかでも「ガッフェル」は、大麦だけでなく小麦の麦芽を使っているため、よりフルーティーさが漂う。

ドイツ

苦みの余韻が印象的。古くて新しいアルトビール
Zum Uerige
ツム・ユーリゲ
ユーリゲ アルト クラシック

LABEL
王冠を使わないスウィングトップの伝統的なボトルと対象に、ユーリゲの由来にもなっている風変わりなキャラクターをラベルに載せる事で、伝統の中にも遊び心を表したデザインになっている。

濃厚な麦芽の風味と後を引くホップの苦み。「ドイツで一番苦いビール」といわれるが、渋みを感じさせないクリーンで瑞々しい味わい。

アロマ ● 刈り草のような香り。べっこう飴のようなこうばしい甘い香りも。
香り

フレーバー ● 煎った麦のようなこうばしさの後に、ホップの華やかでフレッシュな香りが鼻に抜ける。

外観
酵母由来の濁りがあり、赤みのある銅色をしている。泡は茶色がかったクリーム色。

ボディ
ミディアムボディ。カラメルモルトの甘みとホップの苦さのコントラストが秀逸。

〈主なラインナップ〉
・ユーリゲ ヴァイツェン
・ユーリゲ シュティッケ
・ユーリゲ ドッペルシュティッケ

（DATA）
ユーリゲ アルト クラシック
スタイル アルト
　　　　（上面発酵）
原料　大麦麦芽、水、ホップ
内容量 330ml
度数　4.7％
生産　ユーリゲ醸造所

問 昭和貿易

　アルトビールの「alt」はドイツ語で「古い」という意味。ビールが古いということではなく、新しく登場した下面発酵に対して、伝統的な上面発酵をさしている。
　ツム・ユーリゲ醸造所は1862年にデュッセルドルフの旧市街地で創業した。Uerigeとは「風変わりな」「奇妙な」を意味する言葉で、創業者が風変わりな性格であったことから名づけられた。

　デュッセルドルフの旧市街地は大小さまざまなブルーパブやレストランが軒を連ねることから、「世界一長いバーカウンター」と呼ばれている。その一角にあるユーリゲのブルーパブは地元でもとくに人気が高く、路上にまで人があふれ賑わっている。
　また1年に2回、シュティッケ（Sticke：方言で「秘密」の意味）と呼ばれる特別醸造のビールをつくる。これもびん詰めされて輸出されるが、数は少ない。

日本未入荷品や手に入りにくい限定品などちょっとレアなビールを紹介

Germany

青いラベルのビールにはシロップが入っていない。

未入荷 ミュンヘン近郊で販売
Augstiner Hells
アウグスティーナ ヘレス

- **アロマ** ● ホップのやわらかな香りとやさしい麦のこうばしさ。
- **フレーバー** ● 麦のこうばしい芳香とホップの心地よい清涼感が鼻腔を刺激する。さわやかな香り。

香り

外観
明るい黄金色。泡は白色できめが細かい。

ボディ
ミディアムボディ。舌の上に心地よい苦みとコクが残る。濁りのない味。

DATA
スタイル
アウグスティーナ ヘレス
ヘレス (下面発酵)
原料
大麦麦芽、ホップ、水
内容量
500ml
度数
5.2%
生産
アウグスティーナ醸造所

ミュンヘンっ子だけが知っているビール

創業1328年、アウグスティーナ修道院付属の醸造所からスタートした、ミュンヘン市内でもっとも古い醸造所がつくるビール。地元で圧倒的な人気を誇り、ミュンヘンとその近郊だけで売れてしまうので外に出ることがほとんどない。味わい深いのにすっきりとしていて飽きることがないきれいな味。

未入荷 ベルリン近郊で販売
Berliner Kindl Weisse
ベルリーナ・キンドル・ヴァイセ

- **アロマ** ● レモンやヨーグルトのような酸味のある香り。花のような甘い香りも。
- **フレーバー** ● レモンや青リンゴ、辛口のリースリングワインを連想させる颯爽とした香り。

香り

外観
シロップを入れる前は黄色で、白く濁りがある。泡立ちはいいが消えやすい。

ボディ
ライトボディ。さわやかな酸味にまろやかな小麦の甘みがわずかに加わり爽快感がある。

DATA
スタイル
ベルリーナ・キンドル・ヴァイセ
ベルリーナヴァイセ (上面発酵)
原料
大麦麦芽、小麦麦芽、ホップ、水
内容量
500ml
度数
3.0%
生産
キンドル醸造所

酸っぱくてさわやかな、シロップ入りのビール

ベルリンで「ベルリーナ・ヴァイセ」を注文すると「赤？ 緑？」と聞かれる。乳酸菌を加えて発酵しているので、そのままで飲むとレモンのような酸味が強く、赤色 (ラズベリー) や緑色 (クルマバソウ) などのシロップを混ぜて飲むのが一般的。

COLUMN

オクトーバーフェストに見る世界のビール祭り

日本でも定番となったビールのお祭り「オクトーバーフェスト」の起源はドイツにあります。地元ドイツの楽しみ方を、紹介します。

　オクトーバーフェストは10月の第一日曜日を最終日とする9月下旬からの16日間、ミュンヘン市内の南西部に位置するテレージエンヴィーゼで開催される世界最大のビール祭りです。

　驚くのは何といってもその規模。42ヘクタール（東京ドーム9個分！）の敷地内に14の巨大テントが立ち、期間中、世界中から600万人以上のビールファンが押し寄せます。敷地内は移動遊園地になっており、大観覧車や射的、お化け屋敷、ジェットコースターなどのアトラクションが並びます。

　お祭りにテントを出せるのは、ミュンヘン市内にある伝統的な6つの醸造所だけ。アウグスティーナ、シュパーテン、パウラナー、ハッカープショール、ホフブロイ、レーベンブロイです。馬場を模したシュパーテン、天国の空を描いたハッカープショールなど、テントにはそれぞれテーマがあります。

　テントの中は、昼間であろうと大混雑。民族音楽の楽隊が愉快なリズムで演奏し、そこかしこで人々が大声で笑い歌い凄まじい熱気です。提供されるビールはすべてこの祭りのために特別に醸造されたフェストビア（メルツェン）。マスと呼ばれる1ℓのジョッキで提供されます。1ℓなんて飲みきれないと思いきや、ほどよいアルコール感とさわやかなのどごしにすぐに体が熱くなり、楽しい雰囲気に後押し

Oktoberfest
ミュンヘン発祥の
世界最大のビール祭り

されてあっという間にジョッキが空になります。
　演奏の切れめごとに乾杯の音楽が流れると、みんな立ち上がり肩を組んで歌いながら乾杯をします。長テーブルのご近所さんも、歌って飲めばみな友達といった雰囲気で、いつのまにか仲よしに。日が暮れれば会場の熱気は最高潮！　みなジョッキを片手に長椅子の上に立ち上がり、足を踏み鳴らして踊り出します。体格のいいドイツ人が飛び跳ねてよく長椅子が壊れないなと感心するほどです。
　オクトーバーフェストの起源は1810年。当時バイエルン王国の皇太子であったルートヴィッヒ1世がテレジア妃と結婚したとき、その出し物として牧場で競馬が催されました。それが市民に好評となり、翌年からも続けて開催されるように。そしていつしかビールの屋台が立ち並ぶ、ビールのお祭りへとなっていったのです。ちなみにルートヴィッヒ1世は、後にミュンヘンの街にローマ風の建造物を多く建てた人物で、ノイシュバンシュタイン城をつくった狂王ルートヴィッヒ2世のお祖父さんにあたります。
　近年、このお祭りは日本でも盛り上がりを見せています。日本では、春から冬にかけて場所をかえながら開催。1977年からビアホールなどでひっそり開催されていましたが、2003年には横浜で大規模なお祭りになり、年々規模を拡大中。東京では、日比谷公園、お台場、東京ドーム、地方都市では横浜、仙台、神戸、長崎が有名です。規模はドイツと比較すると小さく、移動遊園地もありませんが、民族音楽の演奏と共に乾杯し肩を組んで大はしゃぎする光景はドイツと変わりません。
　ドイツビールだけでなく日本の地ビールメーカーもとっておきのビールを用意して祭りにやってきます。小さめのジョッキもあるので何種類もの味を楽しむことができるのがうれしいところ。もちろん、1ℓマスジョッキでグッと飲んでヒーローになるのもいいでしょう。今年は、各地のオクトーバーフェストに参加して、ドイツらしい雰囲気のビールを楽しみませんか？

ベルギー

BELGIUM

多様な文化を背景に
華やかに香る伝統の深化

九州の約70％の大きさの国土に約1000万人の人々が暮らすヨーロッパの小国ベルギー。ですが、1000種類以上ものビールの銘柄をもち、国民ひとりあたりのビール消費量は日本の約1.6倍もあります。

　ベルギーは、中世以降、周辺諸国の領土となってきたものの、1000年近い期間にわたって、ヨーロッパの中心であり続けたという歴史をもっています。

　大きく分けると、ゲルマン系のフランデレン人とラテン系のワロン人の2つの民族が暮らし、オランダ語、フランス語、ドイツ語と、3つの言語を公用語にもつ多民族、多言語国家であるベルギー。こうした民族による嗜好性の違いやさまざまな国の影響を受け、その文化を取り入れていったという歴史から、多種多様な味わいをもつ多くの銘柄が生まれたと考えられています。また、地域ごとにその地方の特産物（穀物や果物など）をビールに使ったことも、さまざまな地ビールが生まれた大きな要因です。ベルギービールには、ハーブやスパイスを用いたものが多くありますが、これはもともと地元で採れる天然の保存料として使われていたものです。

　さらに、19世紀になるまで主流であった、自然発酵のビール（ランビック）を醸造するための条件が揃っていたことも、独特のビール文化が生まれたことと関わりが深いといえるでしょう。

　複雑な歴史、さまざまな要因のなかで、人々が大切に守ってきたベルギービール。ベルギーの地方都市には必ずビアカフェがあり、それぞれの土地ならではのバラエティに富んだビールを楽しむことができます。

ベルギー

BELGIUM
AREA MAP
エリアマップ

各地の代表的なビール

ヒューガルデン・ホワイト
大麦麦芽と小麦のほかに、オレンジピールやコリアンダーを使った小麦のビール。霞がかった薄黄色で、さわやかな酸味をもつ。

カンティヨン・グース
強い酸味と独特の香りが特徴。人工培養した酵母ではなく、空気中に浮遊している野生酵母や微生物を利用して自然発酵させる、伝統的ベルギービール。

ローデンバッハ クラシック
ビールを上面発酵で発酵させた後、オークの樽で長期間熟成させてつくる。甘酸っぱくさわやかな味わいが特徴。

北部／フランデレン地方
（フランダース地方）

North Sea

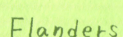

Flanders
・Brussels
・Liége

南部／ワロン地方

Wallonia

セゾンデュポン
主にワロン地方でつくられている、瓶内二次発酵タイプのビール。もともとは農家が冬の間に仕込み、夏に飲むまで貯蔵しておく自家用ビールだった。

オルヴァル
修道院内に醸造所をもつ、トラピスト会修道院ビールの代表格。オルヴァル修道院は、南東部リュクサンブール州にある。

サン・フーヤン トリプル
修道院から委託を受けた、一般の醸造所でつくられるアビィビール。一般にトラピストビールに近い味わいのものが多い。

46　1. 世界のビールを知ろう

南北に分かれた文化や野生酵母
修道院ビールなどの独自発展がひしめく

北部／フランデレン

北部のフランデレン（フランダース）地域にはゲルマン系のフランデレン人（約60％）が住み、フラマン語を話します。ホワイトエール、レッドエール、ランビック（自然発酵）など、フルーティーで酸味のあるスタイルのビールが生産されています。

南部／ワロン

南部のワロン地域にはラテン系のワロン人（約40％）が住み、ワロン語を話します。セゾンビールなど、スパイシーでさわやかなスタイルのビールが生産されています。

ベルギーから生まれたトラピストビール

修道院内に醸造所をもつトラピスト会の修道院でのみつくられるビール。この呼称を使うことを許されているのは世界にわずか8ヶ所のみ（2013年4月現在）。1997年よりトラピストという呼称を守るために「Authentic Trappist Products」という独自のマークを使用しています。

ブランド	製造修道院	歴史
シメイ ➡ P.56	スクールモン修道院	1850年設立。1862年醸造開始。
オルヴァル ➡ P.54	オルヴァル修道院	1070年代に設立開始。1930年代から醸造開始。
ウェストマール ➡ P.55	聖心ノートルダム修道院	12世紀設立。1836年から醸造を開始し、1921年から一般販売を開始。
アヘル	アヘル修道院	1845年設立。1850年醸造開始。1998年に承認を受け、2001年から一般に流通。ブランドは5種あり、ブラウン5とブロンド5は修道院併設のカフェでのみ提供。
ロシュフォール ➡ P.55	サン・レミ修道院	1230年女子修道院として設立。1465年男子修道院になり、1595年に醸造開始。
ウエストフレテレン ➡ P67	シント・シクステュス修道院	1831年醸造開始。1838年醸造開始。びんにはラベルがなく、販売は現地のみ。
ラ・トラップ（オランダ）➡ P.99	コニングスホーヴェン修道院	1881年設立。1884年醸造開始。
エンゲルスツェル（オーストリア）	エンゲルスツェル修道院	1293年設立。1590年醸造開始。2012年醸造を再開し、同年トラピストビールとして認定。

　ベルギー地方では、私たちがよく目にするのどごしさわやかなピルスナーだけでなく、野生酵母の力を借りてつくられるもの、上面発酵でつくられるもの、それぞれの地方で採れる穀物、果物、スパイスなどを使ってつくられるものなど、伝統的な製法を継承するビールが多く存在します。

　こうしてつくられる多種多様なビールは、食前、食中、食後、就寝前などあらゆるシチュエーションに合わせて楽しまれています。料理とのペアリングはもちろん、ビールを使った料理、温度変化による香りや味わいの違い、熟成による味わいの変化など、楽しみ方はさまざま。

　また、ベルギービールには味わいそのもののほかに物語があり、さらに奥深い楽しみがあります。専用のグラス、コースター、王冠などの名脇役たちの存在もベルギービールの大きな楽しみのひとつといえます。

STYLE
ベルギーの主なスタイル

エール（上面発酵）
ALE

ベルジャンスタイル・ホワイトエール

ヒューガルデン村に古くから伝わる小麦ビール。小麦を麦芽化せず用い、白濁しているので「ホワイト」と呼ばれる。コリアンダーとオレンジピールが使われているのでスパイシーでフルーティー。

ベルジャンスタイル・ペールエール

ホップのキャラクターがよく現れた銅色のビール。アルコール度数は5.0～6.0％程度のものが多く、ベルギービールとしては軽め。

ベルジャンスタイル・ペールストロングエール

アルコール度数7.0％以上のビール。フルーティーかつキャンディシュガーのキャラクターが顕著。ビールの色はフルーティーな香りの明るい黄金色と、キャンディシュガーがこうばしい濃色がある。

ベルジャンスタイル・ダークストロングエール

琥珀から濃い茶色で、アルコール度数7.0％以上のビール。クリーミーで甘く、黒砂糖のようなキャラクターが印象的。アルコール感は、実際の度数ほど強く感じられない。

セゾン

農民が夏の農作業の合間に飲むために自家醸造していたビールが起源。冬に仕込み、夏まで保管していたため、防腐効果を高めるためのホップがきいている。野性味あふれる香りや酸味があるものなど個性が強い。

スペシャル・ビール

メープルシロップやポテト、ハチミツなど、通常のビールづくりには使用しない発酵原料を用いたビールの総称。

フランダース・レッドエール

フランデレン（フランダース）地方西部の赤みを帯びたビール。チェリーやシトラスのようなフルーティーな酸味が新鮮な印象を与える。

フランダース・ブラウンエール

フランデレン（フランダース）地方東部の赤みを帯びた褐色ビール。こうばしい香りとフルーティーな酸味がバランスよくまとまる。

ダブル

モルティーかつフルーティーな濃色系ビール。アルコール度数は6.0〜7.5％。修道院のビールを踏襲しているものが多い。

トリプル

フルーティーな淡色系ビール。アルコール度数は7.0〜10.0％以上。ダブルと同様、修道院のビールを踏襲しているものが多い。

アビイビール

修道院からビールのレシピや修道院名を委託された、民間醸造所がつくるビール。

自然発酵
NATURAL

ランビック

空気中や木樽に宿っている野生酵母を取りこんで自然発酵させたビール。酸味の強さが特徴。樽で熟成したものと新酒をブレンドする「グーズ（グース）」や、クリーク（サクランボ）やフランボワーズといったフルーツを漬けこんだ「フルーツランビック」が有名。現在の市販ビールのなかでは、もっとも古典的な醸造方法である。

ベルギー

日本で一番飲まれている代表的なベルジャン・ホワイト
Hoegaarden
ヒューガルデン
ホワイト

アロマ ● オレンジ、リンゴ、アプリコットのようなフルーティーな香り。
香り

フレーバー ● オレンジのような柑橘系のフレーバー。

外観　白く濁った明るいイエロー。

ボディ　ライトボディ。フルーティーかつスパイシー。さわやかな酸味が特徴の心地よい味わい。

LABEL
上部にはかつて仕込みの際に使用していた櫂（かい）と、司教を意味する杖のマーク。下部にはオランダ語とフランス語で「白（ホワイト）」と書かれている。

小麦を使ったビール。コリアンダーシード、オレンジピールなどのスパイスを使用している。

〈主なラインナップ〉
・ヒューガルデン ロゼ
・禁断の果実
・グランクリュ

DATA

ヒューガルデン・ホワイト
スタイル　ホワイトエール
　　　　　（上面発酵）
原料　麦芽、ホップ、小麦、コリアンダーシード、オレンジピール
内容量　330㎖
度数　4.9%
生産　アンハイザー・ブッシュ・インベブ社

圏 アンハイザー・ブッシュ・インベブ・ジャパン

　現在、売上高、シェアともに世界No.1を誇るアンハイザー・ブッシュ・インベヴ社傘下にあるヒューガルデン醸造所は、ブリュッセルから東へ車で1時間ほどのヒューガルデン村にある。もともとこの村で15世紀にスタートしたホワイトビールの醸造は、二度にわたる世界大戦や、ピルスナー・ビールとの競合、酒税の引き上げなどの理由により、1957年にいったん途絶えてしまう。しかし、最後に閉鎖されたトムシン醸造所の隣に住んでいた牛乳屋ピエール・セリスによって復活を遂げた。

　今では「ヒューガルデン・ホワイト」は、ベルギーで消費されるスペシャル・ビールの約2割を占める、ベルジャン・ホワイトのお手本ともいえるビールになった。スパイシーで香水のような香り。さわやかな果実風味とベースにあるハチミツのような味わいで、日本でも人気No.1のベルギービール。専用グラスは、釣鐘を逆さまにしたような形で、手の熱がビールに伝わらないよう肉厚のつくりになっている。

旧修道院にちなんだアビイビール
St.Feuillien
サン・フーヤン
トリプル

LABEL
サン・フーヤンには、同じラベルが3銘柄ある。トリプルが青、ブリューンが赤、ブロンドが黄色。ル・ルゥの町並みのラベルは旧タイプのもの。

かつて存在した修道院にちなんだアビイビール。トリプルはアルコール度数が高いが、それを感じさせないスッキリとした味わいが特徴。

アロマ ● ユズ、グレープフルーツなどのさわやかな柑橘系の香りとリンゴのような香り。コショウのようなスパイシーな香りもある。
香り
フレーバー ● アロマのほかに、洋ナシ、柑橘系のフレーバー。

透き通った濃いゴールド。
外観

ミディアム～フルボディ。ホップがきいていて、スパイシー。うまみもたっぷりと感じられる。非常にバランスのよい味わい。
ボディ

〈主なラインナップ〉
・ブロンド
・ブリューン

DATA
サン・フーヤン トリプル
スタイル　アビイビール
　　　　　（上面発酵）
原料　麦芽、ホップ、スパイス、糖類
内容量　330ml
度数　8.5%
生産　サン・フーヤン醸造所

醸 ブラッセルズ

　サン・フーヤン醸造所は、1873年にステファニー・フリアーにより設立された。設立当時、すでに「グリゼット」を含むいくつかのビールを醸造しており、1950年からは、ピルスナーやスタウトなどさまざまなビール、さらにはサン・フーヤン修道院のビールの醸造も始めた。2000年にはフリアー醸造所から、主力銘柄を冠したサン・フーヤン醸造所に改名し、現在は4世代目の兄妹が経営している。
　「サン・フーヤン」は、かつて存在した修道院にちなんだアビイビール。7世紀、布教のために大陸へやってきたフーヤンというアイルランドの修道士に由来する。655年、フーヤンは現在のル・ルゥのあたりで受けた迫害により処刑。1125年、その場所に彼の弟子たちによって建てられたのが、サン・フーヤン修道院だった。
　「サン・フーヤン トリプル」は、330mlびん以外にも、サルマナザールと呼ばれる9ℓびんまでさまざまな大きさのボトルがつくられている。

ベルギー

「世界一魔性を秘めたビール」と称されるゴールデン・エール

Duvel Moortgat
デュベル・モルトガット
デュベル

香り
アロマ ●オレンジ、レモンのような柑橘系の香り。クローブ、コショウなどのスパイシーな香り。
フレーバー ●アロマに加え、バナナなどの熟したフルーツの香り。

外観
輝きのある明るいゴールド。メレンゲのような泡が、しっかりと大きく盛り上がる。

ボディ
フルボディ。ホップによる苦み、十分なうまみがバランスよくまとまった味わい。

LABEL
デュベルとは、フラマン語で悪魔を意味する語。瓶内熟成のビールであることを示す"Bottle Conditioned"と書かれている。

3か月にわたる長い熟成と瓶内発酵により、その繊細な香りと絶妙な苦みを生み出す。

〈主なラインナップ〉
・ヴェデット エクストラ・ホワイト
・マレッツ

DATA
デュベル
スタイル ストロング・ゴールデン・エール(上面発酵)
原料 麦芽、ホップ、糖類、酵母
内容量 330mℓ
度数 8.5%
生産 デュベル・モルトガット社

問 小西酒造

　デュベル・モルトガット醸造所は、アントウェルペン州ブレードンクにある、1871年設立の醸造所。最初は上面発酵の軽いブロンド・エールをつくっていたが、その後、英国風エールの醸造を試み、「悪魔」という意味を持つ有名な「デュベル」が生まれた。1970年にはゴールド色の「デュベル」を発売し、黄金時代がスタートした。最近ではアシュッフ醸造所、リーフマンス醸造所、デ・コーニンク醸造所を傘下に収めるなど、ベルギーのスペシャル・ビールのトップメーカーとして存在感を増している。

　デュベルは、びん詰め後、温度差のある2種類の貯蔵庫で、3か月におよぶ熟成と瓶内発酵を行う。温度によって味わいが変わるので、食前酒のみならず、食中、食後とあらゆるシーンで楽しめる。チューリップ型の代表的な専用のグラスは時間をかけて楽しむための工夫がなされており、くびれた部分で盛り上がる泡を固め、底につけてあるキズからは細かい泡が立つ。

「世界一のビール」をライセンス生産
St. Bernardus
セント・ベルナルデュス
アプト12

〈主なラインナップ〉
・ホワイト
・ベーター
・ペリオール

LABEL
ビールを片手に微笑む修道士の絵が描かれている。

 アロマ ● リンゴ、アプリコット、洋ナシ、バナナ、干しブドウのような複雑でフルーティーな香りと、酒粕のような香り。
フレーバー ● コーヒー、カラメル、チョコレートのようなフレーバー。

 赤みがかった濃いブラウン。

 フルボディ。甘くまろやかな口当たり、アルコールの辛みがバランスよく広がる。

DATA
セント・ベルナルデュス・アプト12
スタイル
アビイビール（上面発酵）
原料
麦芽、ホップ、糖類、酵母
内容量 330㎖
度数 10.5%
生産
セント・ベルナルデュス醸造所
輸 EVER BREW

セント・ベルナルデュス醸造所は、世界一のビールと称される"ウェストフレテレン"が第二次世界大戦による破壊から復興する間、「セント・シクステュス」という名前のビールをライセンス生産していたことでも知られている。アプトは大修道院長の意味で、名前の通りシリーズの中でもっとも強いビール。

ピンクの象が可愛らしい危険なビール
Huyghe
ヒューグ
デリリュウム・トレメンス

〈主なラインナップ〉
・デリリュウム・ノクトルム
・デリリュウム・レッド
・ギロチン

LABEL
デリリュウム・トレメンスを飲むと現れるという、「ピンクの象」「クロコダイル」「ドラゴン」「鳥」が描かれている。

Belgium

 アロマ ● リンゴ、オレンジ、バナナのようなフルーティーな香り。コショウやクローブのようなスパイシーな香り。
フレーバー ● アロマのほかに、洋ナシやハチミツのような甘さを感じる。

 透き通ったゴールド。

 ミディアム〜フルボディ。フルーティーでほのかな甘みを感じるが、後から強烈なアルコールの辛みがやってくる。

DATA
デリリュウム・トレメンス
スタイル
ストロング・ゴールデン・エール（上面発酵）
原料
麦芽、ホップ、糖類、酵母
内容量 330㎖
度数 8.5%
生産
ヒューグ醸造所
輸 廣島

「デリリュウム・トレメンス」は、ラテン語で「アルコール中毒による震え・幻覚」という意味。ラベルには、幸せのシンボルとされているピンクの象といくつかの動物の姿が。飲むと順番に幻覚が現れるという意味がこめられている。1988年にベルギーに滞在したイタリア首相の要請でつくられたのが始まり。

53

Orval

トラピストビールのなかでも異彩を放つ存在

オルヴァル

ベルギー

アロマ ● オレンジやレモン、リンゴのようなフルーティーな香り。
フレーバー ● オレンジのような柑橘系のフレーバー。

非常に明るいオレンジ色。

ミディアムボディ。ドライホッピングによるホップの強烈な個性を感じさせる。ドライななかに甘み、酸味が複雑に絡み合う。

LABEL
「マチルドの泉の伝説」にちなんだ、指輪をくわえた鱒(ます)が描かれている。

ベルギーに存在する6つのトラピストビールの1つ。オルヴァル修道院がつくり、出荷するビールはこの「オルヴァル」1種類のみ。

DATA
オルヴァル
スタイル トラピスト(上面発酵)
原料 麦芽、ホップ、糖類、酵母
内容量 330ml
度数 6.2%
生産 オルヴァル修道院

問 小西酒造

　特色あるドライな味わいは、1931年、醸造所が創立時に招聘(しょうへい)された最初の醸造士、ドイツ人のパッペンハイメル、2人目のベルギー人、オノレ・ヴァン・ザンデによってつくられた。熟成段階にホップを追加するドライ・ホッピングなど、あまり知られていなかった技術が彼らによって取り入れられた。醸造工程で酵母を加えるタイミングは3回あり、3回目のびん詰めの際に加える酵母のひとつがブレタノミセス(野生酵母)。これも「オルヴァル」の味わいに影響を与える大きな要素となっている。

　「オルヴァル」のラベルに描かれた鱒には伝説がある。1076年ごろ、醸造所周辺を治めていたトスカーナ出身のマチルド伯爵夫人が、亡夫から贈られた結婚指輪を泉に落としてしまい、「指輪を戻してくれたらお礼に立派な修道院を建てます」と祈りをささげたところ、鱒が指輪をくわえて現れたというもの。約束通り建てたのが、このオルヴァル修道院だという。

厳格な修道院でつくられる濃厚なトラピスト
Rochefort
ロシュフォール
10

〈主なラインナップ〉
・ロシュフォール6
・ロシュフォール8

LABEL
数字はベルギーの旧式単位で表した糖分の比重を表す。王冠とラベルの色が「6」は赤、「8」は緑になっている。

 DATA
ロシュフォール10
スタイル
トラピスト
（上面発酵）
原料
麦芽、ホップ、糖類、酵母
内容量
330㎖
度数
11.3%
生産
ロシュフォール醸造所

 アロマ ● バナナ、干しブドウ、イチジクのようなフルーティーな香りや、カラメル、チョコレートのような甘い香りなど、複雑な香り。
香り
フレーバー ● プラム、ハチミツ、黒砂糖、ブラックチェリー、ナッツとさまざま。

 濃いダークブラウン。泡立ちがきめ細かい。
外観

 フルボディ。3種類の中で、最もアルコール度数が高く、濃厚。甘みとラストの苦みのバランスがいい。
ボディ

㊟ 小西酒造

トラピストビールのひとつ。ほかのトラピスト修道院のようにカフェやオーベルジュを持たず、外部に対してとても厳格なことで知られている。「ロシュフォール10」のほかに、アルコール度数9.2％の「8」、年に1回のみの仕込みで生産量がとても少ない「6」がある。

トリプルの代名詞となったトラピスト・ビール
Westmalle
ウェストマール
トリプル

〈主なラインナップ〉
・ウェストマール・ダブル

LABEL
ウェストマールのロゴマークが入ったクリーム色のラベル。ダブルは赤紫色のラベル。

Belgium

DATA
ウェストマール・トリプル
スタイル
トラピスト
（上面発酵）
原料
麦芽、ホップ、糖類、酵母
内容量
330㎖
度数
9.5%
生産
ウェストマール醸造所

 アロマ ● バナナやクローブのような香り、柑橘系のフルーティーな香り。
香り
フレーバー ● トロピカル・フルーツ、オレンジの香りが広がる。

 オレンジがかったゴールド。
外観

 ミディアム〜フルボディ。とてもドライでフルーティーなビール。甘み、うまみ、苦みのバランスが整った優雅な味わい。
ボディ

㊟ 小西酒造

トラピストビールのひとつ。醸造所である聖心ノートルダム修道院は、1836年に自給自足のための醸造から始まり、1921年から一般販売を開始。第二次大戦後に生まれたトリプルが有名になり、「トリプル＝色が淡くアルコール度数が高い」という認識を広めた。「トリプルの母」とも呼ばれる。

55

ベルギー

トラピストで流通量No.1のビール
Chimay
シメイ
ブルー

アロマ ● 干し草、パン、干しブドウ、イチジク、コショウ、カラメルのようなこうばしさ。柑橘系のフルーティーな香り。
フレーバー ● カラメル、ダークチェリー、プラム、煙草の葉のようなフレーバー。

赤みがかったダークブラウン。

フルボディ。濃厚でスパイシーさも感じられる味わい。

LABEL
銘柄ごとにラベルの色が異なる。「ブルー」には、3種類のなかで唯一ヴィンテージが入っている。

「シメイ・ブルー」は、もともと1948年にクリスマスビールとしてリリースされたもの。人気を集め、現在では通年で生産されている。

〈主なラインナップ〉
・レッド
・ホワイト(トリプル)

DATA
シメイ・ブルー
スタイル トラピスト(上面発酵)
原料 麦芽、ホップ、糖類
内容量 330㎖
度数 9.0%
生産 スクールモン修道院

図 日本ビール

　スクールモン修道院は、ブリュッセルから約2時間ほどのエノー州の南端に位置している。1850年に創設され、1862年にビールの醸造を開始した。第二次世界大戦で醸造が中断されるも、終戦後すぐにビールづくりの再開に取りかかった。その際、再醸造のコンサルタントとして、醸造学者のジャン・ド・クレルク教授を招き、彼と、当時の醸造主任だったテオドール神父によって、現在のシメイの味わいが確立された。

　トラピスト・ビールの中で最初に市販されたのがこのシメイで、現在もっとも多く市場に出回っている。修道院では、ビールのほかに5種類のチーズもつくっている。

　「ブルー」は3銘柄のうちで唯一ヴィンテージ(製造年)が入っており、味わいは年ごとに異なる。容量は4種類あり、750㎖以上のものは「グランド・レゼルヴ」と呼ばれる。

56　1. 世界のビールを知ろう

かつて農家でつくられていたさわやかなセゾン・ビール

Dupont
デュポン
セゾンデュポン

LABEL
4代目の現社長になってからラベルデザインが変更され、現在のシックなラベルに。デザインは社長の兄によるもの。

セゾンデュポンは、デュポン醸造所のメインの銘柄。セゾン・ビールの昔からの味わいを踏襲しているといわれている。

 アロマ ● オレンジのような柑橘系の香り。バナナ、リンゴのようなフルーティーな香り。ハチミツの香り。ホップの特徴がよく出ており、スパイシーな香りや乳酸の香りも感じられる。
香り
フレーバー ● アロマに加え、レモン、洋ナシの香りがある。

 ややオレンジがかったゴールドで、ふくらみのある細かい泡がいつまでも持続する。
外観

 ミディアムボディ。ホップの苦みとうまみ、酸味のバランスがよく、さわやかながら十分なボディを感じることができる。
ボディ

〈主なラインナップ〉
・セゾンデュポン ビオロジーク
・モアネット ブロンド

DATA
セゾンデュポン
スタイル セゾン(上面発酵)
原料 麦芽、ホップ、糖類、酵母
内容量 330ml
度数 6.5%
生産 デュポン醸造所

醸 ブラッセルズ

　デュポン醸造所は、トゥルネーの東に位置するエノー州のトゥルプという小さな農村にある、古くからの中規模醸造農家。デュポン醸造所の初代ルイ・デュポンは、もともと農学者でカナダへの移住を望んでいた。それを思いとどまらせようとした彼の父が、セゾン・ビールとハチミツビールが評判の醸造農家を買ったのが始まり。それ以降、4世代にわたって、デュポン一族が醸造所を所有している。
　ここでつくられているセゾン・ビールとは、もともとベルギー南部ワロン地方の伝統的な製法でつくられたビールの呼称。冷蔵技術が発達する前から、ワロン地方のエノー州、ナミュール州、リュクサンブール州などの小規模農家で、冬の間にビールを仕込んで夏まで貯蔵しておき、畑仕事で渇いたのどを潤していた。
　セゾン・ビールをつくる醸造所の中でも、デュポン醸造所は昔からの伝統的な製法を踏襲する生産者といわれている。

57

ベルギー

伝統的な製法を守るランビック
Cantillon
カンティヨン
グース

	アロマ	●レモン、オレンジのようなフルーティーな香り。
香り	フレーバー	●柑橘類の香りに、リンゴや酢の香りが混ざる。
外観		やゝオレンジがかった明るいアンバー。
ボディ		ミディアムボディ。シャープな酸味に特徴がある、バランスのよい本格ランビック。

LABEL
中央に有名な小便小僧がビールをもっている絵が描かれている。左にある赤い花はケシ。

カンティヨン・グースは、年代の異なる3種類のランビックをブレンドし、瓶内で二次発酵を行う。食欲のないときや、リフレッシュしたいときなどに最適の一本。

〈主なラインナップ〉
・クリーク
・フランボワーズ

DATA
カンティヨン・グース
スタイル ランビック(自然発酵)
原料 麦芽、ホップ、小麦、酵母
内容量 375ml
度数 5.0%
生産 カンティヨン醸造所

圏 小西酒造

　カンティヨン醸造所は、1900年創業。国際列車ユーロスターも停車する国際駅、ブリュッセル・ミディ駅から徒歩10分ほどの場所にあり、「ブリュッセル・グース博物館」として観光の名所となっている。とても酸味の強い本格的なランビック・ビールをつくり続けており、どの製品もカンティヨンのものとすぐにわかるほど強烈な個性をもっている。特徴である酸味は、最初は驚くほど強く感じられるが、飲んでいくうちにやみつきになってしまうほどすばらしい味わい。

　1999年からは、無農薬認可を受けた原料を使用。ラベルに描かれたケシの花は、農薬を使っている土壌ではうまく栽培されない植物であるため、「無農薬」であることを意味し、「カンティヨン醸造所のビオビール」のシンボルマークとして使用されている。また同ブランドのグースとクリークは、オーガニック食品の認定機関である「Certisys」の認証を受けている。

ブルージュの町で唯一の醸造所がつくる、フルーティーなスペシャル・ビール
De Halve Maan

ドゥ・ハルヴ・マーン
ブルックス ゾット・ブロンド

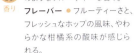

アロマ ●バナナ、リンゴ、洋ナシのようなフルーティーな香り。
香り
フレーバー ●フルーティーさと、フレッシュなホップの風味、やわらかな柑橘系の酸味が感じられる。

外観 輝きのある透き通ったゴールド。

ボディ ミディアムボディ。うまみと酸味のバランスがよく、スパイシーさもある味わい。

LABEL
ゾットの物語にまつわる道化師の絵。Brugse Zotの文字は、ブルージュ出身の著名カリグラファー、ブロディ・ノイエンシュヴァンダー氏によるデザイン。

ドゥ・ハルヴ・マーン醸造所のメインの銘柄。ブルージュでつくられる唯一の地ビールで、地元の人々にも愛されている。

〈主なラインナップ〉
・ブルックス ゾット・ダブル
・ストラッフェ ヘンドリック・トリプル
・ストラッフェ ヘンドリック・クアドルベル

DATA
ブルックス ゾット・ブロンド
スタイル スペシャル・ビール
（上面発酵）
原料 麦芽、ホップ、酵母
内容量 330ml
度数 6.0%
生産 ドゥ・ハルヴ・マーン醸造所

問 ワールドリカーインポータンズ

　ドゥ・ハルヴ・マーン醸造所は、水の都ブルージュにある。2005年、3年間の醸造停止期間を経て、6世代目に当たるザヴィエル・ヴァネスタが醸造所を買い戻し、名前もかつてのドゥ・ハルヴ・マーン醸造所として醸造を再開。彼は独自のレシピを開発し、「ブルックス ゾット」として販売を開始した。
　「ブルックス ゾット」にはこんな物語がある。かつてブルージュにオーストリア大公マキシミリアンを迎え入れた際、人々は大公に新しい精神病院を建てるための資金援助を依頼するため、バカを真似た派手なパレードを行なった。すると皇帝は言った。「今日私はバカにしか会っていない。ブルージュの町こそ大きな精神病院だ！」。それ以来ブルージュの人々は「ブルックス ゾット（ブルージュのバカ）」と呼ばれるようになった。
　醸造所は町の人々や観光客に解放され、見学コースやカフェはとてもにぎわっている。

ベルギー

ミツバチ女性のラベルが印象的な伝統的ハチミツビール

Boelens
ボーレンス
ビーケン

LABEL
ミツバチの体をした女性が描かれている。地元の有名な画家によるもの。

ビーケンは、ボーレンス醸造所伝統のレシピに沿ったハチミツ入りビール。ほのかな苦みを感じる余韻は、サラダ、フルーツなどのデザートともよく合う。

アロマ ● ハチミツや花のように華やかな香り。
フレーバー ● やさしく甘い香りと、リンゴ、洋ナシ、パン、ハーブ、コショウなどの香り。

オレンジがかった明るいゴールド。やや濁りがある。

ミディアムボディ。やわらかな甘みが主体だが、スパイシーさも感じられる。ボリュームがあり、甘みと苦みのバランスがとてもよいので、アルコール度数を感じさせない。

〈主なラインナップ〉
・サンタビー（季節限定）

DATA
ビーケン
スタイル スペシャル・ビール
　　　　（上面発酵）
原料 麦芽、ホップ、ハチミツ、酵母
内容量 330 ml
度数 8.5%
生産 ボーレンス醸造所

鬨木屋

　ボーレンス一族は東フランデレン州のベルセーラで1800年代中ごろからすでに醸造を行なっていた。第一次世界大戦のため醸造停止に追いこまれたが、1970年代〜80年代にかけてベルギーでは古きよき時代のスペシャル・ビールへの回帰が盛んとなり、現のオーナーのクリスはなんとかして醸造業を再開したいと考えるようになった。一部の機器をステンレス製にするなど、EUやベルギーの新たな食品製造基準に見合う設備投資を行い、またベルギーの大学、醸造関係者などから多くの知見を得て、1915年以来停止していた醸造を1993年再開するに至った。

　努力の結果、1993年8月、初めて仕込まれた「ビーケン」はボーレンス醸造所伝統のレシピに沿ったハチミツ入りのビール。フラマン語で「小さなミツバチ」を意味する。男性が女性に何かを頼んだり、口説いたりするときの甘いささやきにも用いられる言葉だそう。

シャンパーニュと同じ独特の製法でつくられる高級ビール
Bosteels

ボステールス
デウス

アロマ ● 花の香り、ミント、青リンゴ、ジンジャーなどのさわやかな香り。洋ナシ、カリン、アプリコットといった甘い果実の香り。

フレーバー ● アロマそのままの、期待を裏切らないフレーバー。

輝きのある、透き通ったゴールド。

フルボディ。口に含むと強い発泡感があり、シャンパンに近い味わい。リンゴやクローブの香りが広がり、最後にくるアルコールからの辛みで余韻を長く楽しむことができる。

Belgium

LABEL
シャンパーニュをイメージしたようなボトルとラベルのデザイン。Brut des Flandres（ブリュット デ フランドール＝フランダースの辛口シャンパン）と書かれている。

シャンパーニュと同じ製法でつくられる高級ビール。とても複雑な工程を経てつくられる。

〈主なラインナップ〉
・パウエル クワック
・トリプル カルメリート

DATA
デウス
スタイル ベルジャンスタイル・ストロングエール（上面発酵）
原料 麦芽、ホップ、糖類、酵母
内容量 750mℓ
度数 11.5%
生産 ボステールス醸造所

岡 廣島

　ボステールス醸造所は、ブヘンハウトという小さな村にある。1791年にエヴァリスト・ボステールスによって設立され、以来7世代にわたって一族で醸造所を経営している。
　デウスはとても複雑な工程を経てつくられているビール。最初はベルギーで仕込み、一次発酵のあと、二次発酵ともいえる熟成を行う。その後フランスに運び、発酵用の糖分と酵母を加えてびん詰め。びんのなかで三次発酵を行い、数か月の熟成期間

を経る。さらにその後、シャンパーニュと同じ独特の工程に移る。まずは動瓶（ルミアージュ）。びんを斜め下向きに傾けて並べ、毎日少しずつ回転させて徐々にボトルを立てていき、沈殿物を瓶口に集める。次に澱抜き（デゴルジュマン）を行う。瓶口を凍らせて仮の栓とともに沈殿物を取り除く。そして補酒（ドサージュ）。澱抜きで減った部分にリキュールを加え、最後にコルク栓をして完成する。

61

ベルギー

ラズベリーを漬けこんだ上品な味わい
Boon
ブーン
フランボワーズ

〈主なラインナップ〉
・クリーク
・グース

LABEL
ボトルの肩の部分には果実の収穫年を表すヴィンテージ。フレッシュなラズベリーのイラストが描かれている。

香り
- アロマ ● ラズベリーのいきいきとした香り。柑橘系の香り。
- フレーバー ● 豊かなベリー感に、オークの香りが加わる。

外観
美しいピンク色で、きめ細かい泡立ち。

ボディ
ミディアムボディ。果実の甘さとランビックの酸味がすばらしく調和した味わい。

〈DATA〉
ブーン・フランボワーズ
スタイル
フルーツエール
(自然発酵)
原料
麦芽、ホップ、小麦、木苺、糖類、酵母
内容量 375 mℓ
度数 5.0%
生産
ブーン醸造所

問 小西酒造

ブーン醸造所は「ランビック」という名前の由来になったともいわれる、ブリュッセルの南、レンベークにある。1978年に、フランク・ブーン氏が醸造所を買い取り、現在に至る。
　美しいピンク色の「ブーン・フランボワーズ」は甘酸っぱい味わいで、食前酒にもぴったり。

カシスのフルーティーさが弾けるランビック
Lindemans
リンデマンス
カシス

〈主なラインナップ〉
・アップル
・クリーク
・フランボワーズ
・ペシェリーゼ

LABEL
ダークカラーを基調としたシックなラベル。中央にカシスの絵が描かれている。

香り
- アロマ ● まさにカシスそのままの香り。ブルーベリーや干しブドウのような香りもある。
- フレーバー ● ブラックベリー、プラムのようなフルーティーなフレーバー。

外観
やややオレンジがかった濃いルビー色。

ボディ
ライトボディ。甘さは控えめで酸味とのバランスもよく、素直においしく飲めるフルーツビール。

〈DATA〉
リンデマンス・カシス
スタイル
ランビック
(自然発酵)
原料
麦芽、小麦、果汁、ホップ
内容量 250 mℓ
度数 3.5%
生産
リンデマンス醸造所

問 三井食品

リンデマンス醸造所は、辛口で酸味のある伝統的なランビックづくりのかたわら、甘く飲みやすいフルーツ・ランビックを醸造して成功を収めている。フルーツ・ランビックのシリーズは、アルコール度数も低く飲みやすいものが多い。ベルギービールの入門編としてもおすすめできる銘柄。

神聖ローマ皇帝にちなんだビール
Het Anker
ヘット・アンケル
グーデン・カロルス・クラシック

Belgium

LABEL
神聖ローマ皇帝カール5世を意味するロゴ、そして絵が描かれている。

ソフトな口当たりと、ワインのような温かみを兼ね備えたビール。アルコールはやや高め。

アロマ ● 干しブドウ、プラム、洋ナシのようなフルーティーな香り。ホップからの青草のような香り。ハチミツ、クローブ、カラメルのような香り。

香り

フレーバー ● トフィー・キャンディやオレンジ、イチジク、チョコレートを思わせる香り。

外観 赤みがかったダークブラウン。

ボディ ミディアム～フルボディ。甘みと酸味のバランスがよく複雑な味わい。

〈主なラインナップ〉
・グーデン・カロルス・トリプル
・グーデン・カロルス・アンブリオ
・グーデン・カロルス・ホップシンヨール
・ボスクリ

(DATA)
グーデン・カロルス・クラシック
スタイル スペシャル・ビール
（上面発酵）
原料 麦芽、ホップ、糖類
内容量 330ml
度数 8.5%
生産 ヘット・アンケル醸造所

圖 小西酒造

神聖ローマ皇帝カール5世に愛されたという伝統あるヘット・アンケル醸造所の代表作。

ヘット・アンケル醸造所は、数々の国際的な品評会で受賞歴のある実力派。その歴史は1369年まで遡る。1873年にヴァン・ブレーダム家が買い取ると、近代的蒸気式醸造工程を取り入れた醸造所のひとつとして拡大。その後、5代目当主により醸造所の再生計画をスタート。

現在では醸造所の見学のほか、パブやレストランが併設されたビール博物館や小さなホテル設備が利用できるようになり、一般客でにぎわう。現在も操業している醸造所としてはベルギー最古と言われている。

醸造所はブリュッセルとアントウェルペンの中間、メッヘレンという町にある。町の中心に建つゴシック様式の聖ロンバウツ大聖堂は、カリヨン（ベル）の発祥地としても有名。

ベルギー

濃密で複雑なベルジャン・スタウト
Van den Bossche
ヴァン・デン・ボッシュ
ブファロ・ベルジャン スタウト

〈主なラインナップ〉
・パーテル リーヴェン・ヴィット
・パーテル リーヴェン・ブロンド
・ブファロ・ベルジャン ビター
・ケルストバーテル（季節限定）

LABEL
バッファロー・ビルの物語にちなんだサーカス団の絵が描かれている。

アロマ ● チョコレート、カラメル、コーヒーの焦げたようなこうばしい香り。ブラックチェリーや干しブドウ、ハチミツなどの甘く濃密な香りも。
フレーバー ● 柑橘系の酸味、ほのかな薫り、シナモンのようなスパイシーなフレーバー。

外観 赤みがかった濃いブラウン。

ボディ フルボディ。複雑な味わいがある。後に心地よい苦みが長く続く。

DATA
ブファロ・ベルジャン スタウト
スタイル
スペシャル・ビール（上面発酵）
原料
麦芽、ホップ、酵母
内容量
330㎖
度数
9.0%
生産
ヴァン・デン・ボッシュ醸造所
問 木屋

　ヴァン・デン・ボッシュ醸造所は、1897年、初代アーサー・ヴァン・デン・ボッシュが農場を購入した場所に設立した醸造所。現在は4世代目のブルーノ氏以下、親子で経営されている。ブファロは3アイテムのシリーズで、バッファロー・ビル（1846-1917）のサーカス団にちなんだ銘柄。

ホップの産地でつくられる、心地よい苦み
Leroy
ルロワ
ポペリンフス ホメルビール

〈主なラインナップ〉
・ホメルドライホッピング（樽生）
・キュヴェワトゥ（樽生）

LABEL
フラマン語でホップを意味する「ホメル」。地元のホップ畑の絵が描かれている。

アロマ ● さわやかなホップの香り、コショウ、ミント、クローブのような香り。リンゴ、洋ナシ、バナナのようなフルーティーな香り。
フレーバー ● フルーティーで複雑な香りの中に、ハチミツなどの甘さも感じる。

外観 やや濁りのあるオレンジがかったゴールド。

ボディ ミディアムボディ。ホップの苦みが効いているが、うまみもたっぷり感じられる。

DATA
ポペリンフス ホメルビール
スタイル
ストロング・ゴールデン・エール（上面発酵）
原料
麦芽、ホップ、果糖、酵母
内容量
250㎖
度数
7.5%
生産
ルロワ

問 きんき

　ルロワ（ファン エーケ）醸造所は、フランスとの国境あたり、西フランデレン州のポペリンへに近い、ワトゥにある。1629年に、地元領主の醸造所として設立された。「ポペリンフス ホメルビール」は、ホップの産地として有名な地元で収穫したホップをふんだんに使ったビール。

ブレンダーがつくる魅力的なグーズ
De Cam
デ カム
オード グーズ

〈主なラインナップ〉
・オード クリーク

LABEL
3つのハンマーはデ カムのマーク。1700年代、醸造を開始した時からこのマークを使用。現在では村のマークにもなっている。

アロマ ● レモン、グレープフルーツ、パイナップル、リンゴなどのフルーティーな香り。
フレーバー ● シャンパンのような刺激のなかで、香りが上品に混ざり合う。

オレンジがかったやや濃いめのゴールド。

ミディアムボディ。レモンのようなさわやかさがある、やわらかな酸味。

〈DATA〉
デ カム・オード グーズ
スタイル
ランビック
（自然発酵）
原料
大麦麦芽、小麦麦芽、ホップ、酵母
内容量
375㎖
度数
6.0%
生産
デ カム
（ブレンダー）

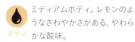
木屋

数少ないグーズ・ブレンダーのひとつ、デ カム。1997年に設立され、2002年からはスラッグムルダー醸造所のブルワー、カレル・ゴドー氏が引き継いでいる。

ブレンドに使われるランビックは、ブーン、ジラルダン、リンデマンス各醸造所からのもの。

ブルゴーニュ女公にちなんだビール
Verhaeghe
ヴェルハーゲ
ドゥシャス・デ・ブルゴーニュ

〈主なラインナップ〉
・エヒテ・クリーケンビール

LABEL
後の神聖ローマ皇帝マクシミリアン1世の妻、ブルゴーニュ公国公女マリーの肖像画が描かれている。領民たちから「美しき姫君」「我らのお姫さま」と慕われていたという。

アロマ ● 酸味を感じさせる香り。ブラックチェリーやパッションフルーツのような複雑な香り。
フレーバー ● リンゴ、洋ナシ、カラメル、オークの香りもある。

赤みがかったダークブラウン。

ミディアムボディ。香りから想像されるほどの酸っぱさはなく、酸味と甘みのバランスがとてもよい。ボリューム豊かで、複雑な味わいをもった一本。

〈DATA〉
ドゥシャス・デ・ブルゴーニュ
スタイル
フランダース・レッドエール
（上面発酵）
原料
麦芽、ホップ、小麦、糖類
内容量
330㎖
度数
6.2%
生産
ヴェルハーゲ醸造所

小西酒造

フランス語で「ブルゴーニュ公国の女公（女君主）」という意味。ブルージュで生まれたブルゴーニュのシャルル突進公の娘、マリーにちなんだ名前で、ラベルにはその肖像が描かれている。オーク樽で18か月間熟成したビールと、8か月間熟成した若いビールをブレンドしてつくられている。

ベルギー

オーク樽で熟成させる甘酸っぱいレッドビールの代表銘柄
Rodenbach
ローデンバッハ
クラシック

アロマ・フレーバー ● パッションフルーツ、ラズベリー、リンゴのような香り。
香り
フレーバー ● フルーティーな酸味のある香り。チェリー、干しブドウ、オークの香りがある。

外観　赤みがかったブラウン。

ボディ　ミディアムボディ。甘酸っぱくさわやかな味わいで、のどの渇きを癒すのに最適。

LABEL
ビールの特徴であるRED RIPENED REFRESHINGの文言が書いてあり、その頭文字の赤い"R"が目立つように描かれている。

「ローデンバッハクラシック」は、醸造所のレギュラー商品。5〜6週間寝かせた若いビール4分の3と、2年以上熟成させたビール4分の1をブレンドしてつくられる。

〈主なラインナップ〉
・ローデンバッハ グランクリュ

DATA
ローデンバッハ クラシック
スタイル　フランダース・レッドエール（上面発酵）
原料　麦芽、ホップ、コーン、糖類
内容量　250㎖
度数　5.2%
生産　ローデンバッハ醸造所

問 小西酒造

ローデンバッハ醸造所は1821年、創業者となるアレキサンダー・ローデンバッハら4人の兄弟が、現在の場所にあった小さな醸造所を買い取ったのが始まり。1878年に当主となった、エージェーン・ローデンバッハはイギリス南部でポーターの醸造技術を学び、オーク樽でビールを熟成させブレンドする技術を学んだ。このことが今日のローデンバッハの味わいの礎を築いた。

ローデンバッハに代表されるレッドエールの特徴は、発酵後、大きな木製の樽で長期間熟成させること。樽は一番小さなものでも12㎘、大きいものは65㎘もの容量がある。醸造所内の樽貯蔵庫には天井まで届くほどの巨大なオーク樽が300近く並ぶ。この樽で熟成することによって、カラメル、タンニンなどの味わいや、乳酸菌による酸味など特徴ある味わいが与えられる。

66　1. 世界のビールを知ろう

番外編 日本未入荷品や手に入りにくい限定品などちょっとレアなビールを紹介

Belgium

左からExtra8、Blond、Abt12。
ベルギー国内でも流通していない。修道院で決められた日時に買いに行くか、直営のカフェ「In de Vrede」でのみ購入可。

ラベルは紙巻きで、ベースに使われるクリーク（サワーチェリー）の絵が描かれている。

未入荷　修道院での限定販売
Westvleteren XII
ウエストフレテレン 12

香り
アロマ ● イチジク、プラム、マンゴーなどのフルーティーな香り。ハチミツ、チョコレートのような甘く濃密な香り、ナッツのようなこうばしさも。
フレーバー ● アロマの香りそのままのフレーバー。

外観
赤みがかったダークブラウン。

ボディ
フルボディ。柑橘系の酸味、モルトからのカラメルの香り、たっぷりのアルコール感を感じる。バランスがよく、上品な苦みが続く。

DATA
ウエストフレテレン 12
スタイル
トラピスト
（上面発酵）
原料
麦芽、ホップ、酵母
内容量
330㎖
度数
10.2 %
生産
セント・シクステウス修道院

「幻のトラピストビール」と呼ばれる希少なトラピスト

　トラピストビールの中でも、「ウエストフレテレン」だけは現地に行かないと買うことができない。一度だけ流通したのが2012年。土台の弱い修道院が「Brew-to-Build Box（修道院再建のためのギフト）」を、限定商品として販売。ベルギーでは、このギフトの93,000セットが48時間で売り切れた。
　通常はラベルがなく、王冠にすべての情報が記載されている。限定セットで日本に入荷したものには、XII（12の意味）と書かれている。

冬季限定販売　日本での流通はわずか
Liefmans Gluhkriek
リーフマンス グリュークリーク

香り
アロマ ● チェリー、リンゴなどのフルーティーな香り。ハチミツ、シナモン、カラメル、ナッツのスパイシーな香り。
フレーバー ● アロマの香りそのままのフレーバー。

外観
赤みがかったダークブラウン。

ボディ
ミディアムボディ。温度が上がるにつれてスパイスとクリークの香りがバランスよくまとまる。甘すぎず、適度な酸味がある。

DATA
リーフマンス
グリュークリーク
スタイル
フランダース・
ブラウンエール
（上面発酵）
原料
麦芽、サクランボ、ホップ、アニス、シナモン、クローヴ、香料、糖類
内容量
750㎖
度数
6.5 %
生産
リーフマンス醸造所

問 小西酒造

冬の寒さを温めてくれるホットビール

　お燗にして飲む、めずらしいホットビール。
　アニス、シナモン、クローブの3種類のスパイスを使用したビールと、クリークとをブレンドしてつくられる。低温時にはスパイスのシャープな香りが際立つが、温めるにつれスパイスとクリークの香りがバランスよくまとまる。50〜60℃が最適で、寒い冬にはおすすめのビール。
　日本では11月末ごろから、数量限定で輸入されている（2012年時）。

67

イギリス
アイルランド

🇬🇧 UNITED KINGDOM 🇮🇪 IRELAND

香り豊かなエールを楽しむ
パブ文化が根づいた国

イギリス・アイルランドのビールといえば、エールが一般的です。エールとは上面発酵酵母でつくられたビールの総称で、下面発酵酵母でつくられる爽快な香りのラガーとは違った華やかな香りが特徴。スタイルによっても異なりますが、一般に9℃から常温が香りを楽しめる適温といわれています。

イギリス・アイルランドで飲まれているエールにもいくつか種類があり、代表的なスタイルはペールエール、ブラウンエール、ポーターです。

ペールエールは、イングランドのバートン・オン・トレント発祥のスタイルで、イギリス産ホップの紅茶やリンゴのような香りが特徴。それまで主流だった濃い色のビールとは異なる淡い色合いで人気になりました。そのペールエールに対抗してつくられたのが、ニューキャッスル発祥のブラウンエールです。ペールエールに比べホップの香りや苦みは少なく、モルトの甘さやこうばしさが楽しめます。そして、ペールエールとブラウンエールを混ぜたスリースレッドといわれるビールを再現したものがポーター。現在は、色の黒いロブスト・ポーターが主流となっています。

また、アイルランドでは、ローストした大麦を使用し、コーヒーのような苦みのあるスタウトや赤みを帯びた色合いのレッドエールが人気のスタイルです。

イギリス・アイルランドのビールは全体的にやさしい味わいのものと、ロースト感、アルコール感のあるしっとりとしたものがあり、ゆっくりと会話を楽しみながら飲むには最適のビールです。

United Kingdom, Ireland

69

UNITED KINGDOM, IRELAND
AREA MAP
エリアマップ

各地の代表的なビール

イギリス
スコットランド

**トラクエア
ジャコバイトエール**

スコットランドのもっとも古い醸造所であるトラクエアハウスで、18世紀の醸造設備を使ってつくられている。コリアンダーのスパイシーさが香るスコッチエール。

**ギネス
エクストラスタウト**

アイルランド発祥で、今や世界で最も有名なブランドのひとつとなったギネスのスタウト。1759年から現在まで変わらず世界中で愛されている。

アイルランド
ダブリン

イギリス
ニューキャッスル

**ニューキャッスル・
ブラウンエール**

人気のあったペールエールに対抗し、ニューキャッスルでつくられたモルトのキャラクターを生かしたブラウンエール。透明のボトルに入っているのが特徴。

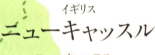

アイルランド
コーク

**マーフィーズ
アイリッシュスタウト**

アイルランドではギネスと並ぶほどの人気。同じスタウトのギネスよりもマイルドでフルーティーな香りが楽しめる。

イギリス
ロンドン

**フラーズ
ロンドン プライド**

ロンドン西部チズウィックで350年以上続くフラーズ。今では世界各国に輸出するほどの規模に。「ロンドン プライド」はペールエールの代表的存在。

北に行けば行くほど強まるモルト感

南からペールエール、ブラウンエール、スコッチエールと、北に行くほどモルトの甘さやこうばしさが強くなっていきます。

イングランド中南部

モルトの甘みよりもホップの華やかな香りや苦みを特徴としたペールエール。その発祥の地がイングランド中部のバートン・オン・トレント。この地域の硬水がペールエールづくりを可能にしています。

イングランド北部

ペールエールに対抗し、ホップを抑えてローストモルトのキャラクターを強くしたビールが、イングランド北部ニューキャッスル発祥のブラウンエールです。ナッツのような風味があるのも特徴です。

スコットランド

フルボディでアルコール度数が高めのスコッチエール。深い銅色から茶色といった色の濃いビールです。スコットランドの花であるアザミ型のグラスに注いで、香りを楽しみながら飲みます。

アイルランド

代表的なスタイルはスタウト。地域によってもフレーバーが少しずつ異なり、その地域に合ったスタウトが存在します。赤みがかったフルーティーな香りのアイリッシュ・レッドエールも人気。

イギリスやアイルランドでは、ビールをパブで飲む習慣が根づいています。パブとはパブリックハウスの略で、日本でのパブのイメージとは異なり、社交場のような場所です。

パブは街のいたるところにあり、フィッシュアンドチップスのような簡単な食事とともに、ビールを味わいます。まわりの人たちとの会話を楽しみながら、1パイント（UKパイント＝568㎖）のビールを時間をかけてゆったりと味わうのがパブの楽しみ方。ビールメーカーが経営しているパブも数多くあります。

そして、パブの醍醐味ともいえるのが樽内で二次発酵させるカスクコンディション（リアルエール）のビール（p.87）です。イギリスでは多くのパブで気軽にカスクコンディションのビールを飲むことができます。炭酸ガスを加えないまろやかでやさしい味わいのカスクコンディションは、パブ側の熟練した管理技術を必要とします。まさにイギリスならではのビールです。

STYLE
イギリス/アイルランドの主なスタイル

エール (上面発酵)
ALE

イギリス

イングリッシュスタイル・ペールエール

バートン・オン・トレントで生まれた黄金色から銅色の中濃色ビール。刈草やアイスティーのような香りのイギリス産ホップを使用している。フルーティーなアロマと苦みが印象的。

イングリッシュスタイル・ブラウンエール

ニューキャッスルという街で生まれた茶色のビール。アルコール度数も比較的弱め。ペールエールの苦みに対抗してつくられたこともあり、ホップの苦みは弱く、モルトの風味がはっきりしている。

イングリッシュスタイル・IPA

IPAとはインディアペールエールの略。イギリスからインドに船でビールを送っていた時代、腐敗防止のために大量にホップを入れたため、香りや苦みのキャラクターが際立ったビールが生まれた。

ESB

エクストラ・スペシャル・ビターの略。ペールエールの苦みを強調したビールだが、IPAほど強烈ではないので安心して飲める。麦芽の甘みを強めて苦みとのバランスをとっている。

イングリッシュ・ビター

イギリスのパブで一般的に飲まれている辛口ビール。イギリスでエールといえば、このスタイルをさすほどの知名度。生産地によって特質が細かく区別されている。

ポーター

18世紀初めロンドンで流行っていたブレンドビールを手本にして生まれた。荷運び人 (ポーター) に好まれたためこの名前になったといわれている。

72 　I. 世界のビールを知ろう

スコッチエール

スコットランドでつくられるアルコール度数6.2〜8.5%のエール。フルーティーなエステル香とやや強めの苦み、カラメル風の甘みがある。

インペリアルスタウト

スタウトが進化しアルコール度数やホップのキャラクター、フルーティーな香りが強くなったもの。ロシア皇室に送られていたことからインペリアルと呼ばれるようになった。

スコティッシュエール

スコットランドで飲まれているビール。アルコール度数3.0〜3.5%程度なので飲み疲れない。

バーレイワイン

アルコール度数8.5〜12.0%以上と、非常に強いエールのことをいう大麦ワイン。黄褐色〜暗褐色のフルボディ。

アイルランド

アイリッシュスタイル・ドライスタウト

ポーターをアーサー・ギネスが改良してつくった黒色ビール。麦芽化していない大麦を焦がして使ったため、苦みが増し、色も黒くなった。

アイリッシュスタイル・レッドエール

アイルランドで古くから楽しまれている赤みを帯びた色合いのビール。アルコール度数4.0%台のかろやかなビール。

イギリス

350年以上続くロンドン最古の醸造所で生産

Fuller's

フラーズ
ロンドン プライド

LABEL
ラベル上部に描かれたグリフィンがフラーズのトレードマーク。原料の麦とホップも描かれている。

ターゲット、チャレンジャー、ノースダウンの英国産ホップ3種を使用。ホップとモルトのバランスが優しい味わいに仕上げている。

 アロマ ● グレープフルーツのような柑橘系のほのかな香り。上品な紅茶の香りも漂う。
フレーバー ● カラメルや焼きたてのパンを思わせるフレーバー。ローストしたモルトのこうばしさも感じられる。

 濁りのない明るい銅色。泡はかすかにクリーム色がかっている。

 ミディアム。ほどよいモルトの甘みがのど通りもよく、スムーズに飲める。

DATA

フラーズ ロンドン プライド
スタイル イングリッシュスタイル・ペールエール
（上面発酵）
原料 麦芽、ホップ
内容量 330 ml
度数 4.7%
生産 フラー・スミス・アンド・ターナー社

キレ / コク / 酸味 / 甘み / 苦み / 香り

問 アイコン・ユーロパブ

「ロンドン プライド」をつくるフラー・スミス・アンド・ターナー社は、ジョン・バード・フラー、ヘンリー・スミス、ジョン・ターナーの3人が、ロンドン西部テムズ川沿いのチズウィックにて設立。創業は1845年だが、前身はチズウィックで350年以上前からビールをつくっていた醸造所までさかのぼる。家族経営から始まった小さな醸造所は、現在では世界各国にビールを輸出し、イギリス国内で約360軒ものパブやホテルを経営するほどになっている。

どのビールも評価は高いが、なかでも「ロンドン プライド」は、イギリスでもっとも人気のあるプレミアムエールの1つ。毎年8月にロンドンで開催される「CAMRA（カムラ）Champion Beer of Britain」など、世界中のビールコンテストで多くの受賞歴をもつ。

ロゴには酒のかめを守るとされている伝説上の生物「グリフィン」が描かれ、ロンドン市民からも「グリフィンブルワリー」と呼ばれ親しまれている。

ほろ苦い味わいはスイーツとの相性も抜群
Fuller's
フラーズ
ロンドン ポーター

LABEL
モルトのリッチな苦みを思わせる色使い。ポーター（荷運び人）が描かれている。

アロマ ● チョコレートモルト由来のコーヒーやチョコレートを連想させる香り。
フレーバー ● コーヒーを思わせるほろ苦い香りが強く、カラメル香の甘さもある。

外観　チョコレートのように黒く、泡はやや茶色がかっている。

ボディ　ミディアム。やや重めの印象はあるが、なめらかな口当たりで飲みやすい。

DATA
フラーズ
ロンドン ポーター
スタイル
ポーター
（上面発酵）
原料
麦芽、ホップ
内容量
330㎖
度数
5.5%
生産
フラー・スミス・アンド・ターナー社

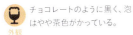 アイコン・ユーロパブ

ポーターのお手本のようなビール。クリーミーな味わいは、ブラウンモルト、クリスタルモルト、チョコレートモルトの3種のモルトのブレンドによるもの。ホップは英国産ファグルホップを使用している。チョコレートやデザートに合わせてもよい。

イギリスの代表的ESB
Fuller's
フラーズ
ESB

LABEL
力強い「ESB」の文字。メダルのイラストとともに「Voted Britain's Best」と書かれている。

🇬🇧 United Kingdom

アロマ ● チェリーやオレンジの香りが感じられる。モルトとカラメルの甘い香りも。
フレーバー ● グレープフルーツ、オレンジ、レモンの柑橘系の香りと草の香りが入り混じる。

外観　濁りはなくやや濃いめの銅色をしている。泡はクリーム色。

ボディ　フルボディ。苦みとのバランスを取るため、コクのある強めのボディに仕上げている。

DATA
フラーズ ESB
（イーエスビー）
スタイル
ESB
（上面発酵）
原料
麦芽、ホップ
内容量
330㎖
度数
6.0%
生産
フラー・スミス・アンド・ターナー社

📷 アイコン・ユーロパブ

フラーズの「ESB（Extra Special Bitter／極上の苦み）」は、名前の通り強い苦みが特徴的なビール。とはいえ突出した苦みははなく、カラメルの甘い香りやビスケットを思わせるモルトのフレーバーが、ふくよかな味わいに仕上げている。

🇬🇧 イギリス

ペールエール発祥の地から世界へ
Bass
バス
ペールエール

アロマ ● フルーティーな香りを感じるがそれほど強くない。すっきりした印象。
香り
フレーバー ● ホップのさわやかでフルーティーな香りとともに、モルト由来のパンのようなフレーバーも。

外観
やや赤みがかった琥珀色。乳白色の泡とのコントラストが美しい。

ボディ
ミディアム。モルトの甘みは抑えめで、口の中に残らない。キレのあるのどごし。

LABEL
イギリスの商標登録第一号のレッド・トライアングル。これを見ただけでバスだとわかる。

口に含むとまずモルトの甘さを感じるが、後からホップの苦みがきいてくる。ゆっくりと飲み続けていたいペールエール。

(DATA)
バス ペールエール
スタイル イングリッシュスタイル・ペールエール（上面発酵）
原料 麦芽、ホップ、糖類、香料
内容量 355㎖
度数 5.1%
生産 バス社

問 アサヒビール

　「バス ペールエール」は、1777年、ウィリアム・バスによってバートン・オン・トレントという街で生まれた。この地の水はカルシウムやマグネシウムなどのミネラル分を豊富に含む硬水で、このミネラル分が独特の琥珀色をつくり出している。軟水の地域でペールエールをつくる際には、軟水を硬水に変える必要があり、その工程を「バートナイズ（バートン化）」という。このことからも、バートン・オン・トレントの街がペールエールづくりに与えた影響は、多大なものだとわかる。
　「バス ペールエール」は英国王室御用達のビールでもあり、ラベルのレッド・トライアングルはイギリスの商標第一号として登録されている。有名なタイタニック号にも積まれていたといわれ、日本にも明治時代から輸入されていた。その当時から世界で人気のビールだった「バス ペールエール」は、いまなおもっとも有名なペールエールといってよい。

オーク樽で熟成させたオーガニックエール
Samuel Smith

サミエルスミス
オーガニックペールエール

アロマ ● カラメルのような甘い香りから、ほのかにストロベリーのような甘酸っぱさも。
フレーバー ● ローストしたモルトの風味が漂い、熟成させた赤ワインに近い香りがある。

外観 ● 透き通ったブラウン。泡も薄い茶色でペールエールのなかでは濃いめの印象。泡もちはよい。

ボディ ● フルボディ。飲んだ瞬間に感じる酸味が重すぎないボディに仕上げている。

LABEL
ラベルの上部には1896年に受賞したゴールドメダルのイラスト。長い歴史を感じさせる。

オーク樽で熟成させたまろやかな味わいと酸味が特徴。飲みごろの温度は11℃がおすすめ。グラスから漂う甘い香りを一番楽しむことができる。

United Kingdom

〈主なラインナップ〉
・オーガニックラガー
・オートミールスタウト
・タディーポーター

(DATA)
サミエルスミス・オーガニックペールエール
スタイル イングリッシュスタイル・ペールエール
（上面発酵）
原料 麦芽、ホップ
内容量 355㎖
度数 5.0%
生産 サミエルスミス・オールドブルワリー

問 日本ビール

サミエルスミスは、イギリス北部ヨークシャーのタドキャスターにある醸造所でつくられている。設立は1758年。ヨークシャーでは最古の醸造所といわれている。設立当時に掘られた深さ85フィート（約26メートル）の井戸があり、いまでもその井戸の水（硬水）を醸造に使用。発酵に使われている酵母も、19世紀から同じ種類の酵母が使われ続けている。また、発酵は「ストーンヨークシャースクエア」という石でできた発酵槽を使って行なっているなど、伝統的な醸造方法を守り続けている数少ない醸造所のひとつ。地元では農耕馬の馬車が配達に使われることもあり、伝統は醸造方法だけでなく配達方法にまで息づく。

「サミエルスミス・オーガニックペールエール」は、その名の通りオーガニックな素材がこだわりのビール。もちろんほかのビールも人工甘味料や香料、着色料などは一切使用していない。何からまで古きよきビールである。

イギリス

ゴルフ発祥の地で売られる唯一のビール
Belhaven
ベルヘブン
セントアンドリュースエール

LABEL
セントアンドリュースの名を冠していることから、ゴルフにちなんでかわいらしいゴルファーが描かれている。

麦芽の香ばしさと甘みを存分に味わえるビール。上品な口当たりがどこか紳士的。ゴルフをたしなむ人に飲んでもらいたい。

 アロマ ● フルーティーなホップの香りが続く。かすかにスパイシーさも感じる。

フレーバー ● ローストモルトとカラメルのフレーバー。やや酸味のあるフルーティーな香りもある。

 ローストモルトによる濃いめの銅色。泡はややクリームがかっており、きめ細かい。

 ミディアム。しっかりしたコクがあり、モルトの甘みをじっくり堪能できる。

DATA
セントアンドリュースエール
スタイル スコティッシュエール（上面発酵）
原料 麦芽、ホップ
内容量 355ml
度数 約4.6%
生産 ベルヘブン醸造所

問 日本ビール

14世紀にベネディクト会の修道士がスコットランドで創業したという記録が残っているベルヘブン。現在でも、当時の井戸から取水して使用している。ゴルフ発祥の地であり、ゴルファーの聖地ともいえるセントアンドリュースの名前を冠する。セントアンドリュースにあるクラブハウスで販売されている唯一のビール。

スコットランドの素晴らしい発明のひとつであるゴルフにインスパイアされて誕生したといわれている。ゴルフのゲームのように、このビールもシンプルさと完璧なバランスを兼ね備える。

ビスケットモルトとフルーティーでスパイシーなホップのバランスが良好。酸味が弱く、スムースな飲み口ですっきり飲めるビール。ゴクゴクと飲めてしまいそうなので、ゴルフのコースを回ったあとに思いきって飲み干したい気持ちにさせてくれる。

モルトの味わいを楽しむイギリスNo.1エール
Newcastle Brown Ale
ニューキャッスル・ブラウンエール

United Kingdom

LABEL
中央にある大きな青い星は、1928年のビール博覧会での金賞受賞を記念してつけられたもの。

ローストモルトの甘みが楽しめるビール。カラメルのような甘みの後には酸味とコーヒーのような苦みがほのかに残る。

アロマ ● モルト由来の甘い香り。ペールエールのようなホップの香りはあまり感じられない。
フレーバー ● カラメル香やナッツのようなこうばしさ。フルーティーな香りも漂う。

ローストしたモルトからくるブラウンが特徴。濃い色のボディに白い泡のコントラストが美しい。

ミディアム。ローストしたモルトの甘みが心地よい。スムーズなのどごし。

DATA
ニューキャッスル・ブラウンエール
スタイル イングリッシュスタイル・ブラウンエール（上面発酵）
原料 麦芽、ホップ、小麦、糖類、カラメル
内容量 330ml
度数 5.0%
生産 ハイネケンインターナショナル

問 アイコン・ユーロパブ

イギリスのエールの中で一番売れているという「ニューキャッスル・ブラウンエール」。1925年にJ.ポーター大佐によってイングランド北東部のニューキャッスルで誕生した。ブラウンエールは、20世紀初頭、イギリスで人気のあったペールエールに対抗してつくられたともいわれている。現在はハイネケンインターナショナルが取り扱っており、世界40か国以上で飲まれている。

透明なびんに入っているため、美しい琥珀色がはっきりわかるが、保管状態には注意したい。ビールは紫外線にあたるとホップが劣化して不快なにおいを放つようになってしまうが、透明なびんは紫外線を遮ることができない。品質のよいものを飲むためには、購入後も光にあてないように管理しておきたい。

ホップがしっかりしているペールエールとは対照的で、ホップの香りは弱め。尖った味わいはないので、後味もくどくなく、すっきりと飲める。

🇬🇧 イギリス

戦闘機の名前が由来のプレミアムビール

Shepherd Neame
シェパードニーム
スピットファイアー

香り
アロマ ● スパイシーでハーブのようなホップの香りを感じる。
フレーバー ● スパイシーさを感じるが、その後に優しいシトラス香が漂う。

LABEL
イギリス国旗を思わせる色使い。ケント州でつくられており「Kentish Ale」と書かれている。

外観
透明なボトルからもわかる透き通った琥珀色。泡にもわずかに琥珀色が混じる。

ほどよい苦みと香り。イングリッシュエールが苦手と感じる人でも、すっきり味わえるビール。

ボディ
ミディアム。モルト感あふれる味わいにスパイシーなホップが加わり、ドライな印象も。

〈主なラインナップ〉
・ビショップフィンガー

DATA
スピットファイアー
スタイル イングリッシュスタイル・ペールエール
（上面発酵）
原料 麦芽、ホップ、糖類
内容量 500mℓ
度数 4.5%
生産 シェパードニーム醸造所

問 小西酒造

　シェパードニームは、1698年に設立されたイギリス最古の醸造所で、ロンドンの南東のケント州の中心に位置する。ケント州は、ホップの生産で有名な地。そのため、地元原産のホップを使用している。1698年以来独自の伝統を守り、上質なエールビールを作り続ける。
　現在では、イギリス南東部を中心に400軒以上のブリティッシュパブで愛されるビール。現在行われているブルワリーツアーでは、醸造所内の井戸から湧き出る天然水の試飲などが体験できるそう。
　「スピットファイアー」は、バトルオブブリテン50周年を記念してつくられた。第二次世界大戦中に、ケント州の上空でドイツ空軍機と戦った戦闘機の名前が由来となっている。
　モルトの風味とホップのアロマが特徴的。口に含むと、まず麦芽の苦みと甘みが広がり、やがてホップの苦みに移り変わる。

おとぎの国のハイクオリティ・ビール
Wychwood
ウィッチウッド
ホブゴブリン

United Kingdom

香り
アロマ ● 熟した果実のような香りとビターチョコレートを思わせる香りが複雑に混じり合う。
フレーバー ● シトラスの香りが感じられる。ビスケットやパンに似たフレーバーも。

外観
濁りのない濃い茶色。きめ細かくクリーミーな泡ができる。

ボディ
フルボディ。しっかりしたモルトを感じるが、酸味もあり重さはそれほど感じない。

LABEL
絵本から飛び出してきたようなデザイン。中世ヨーロッパの妖精であるホブゴブリンが描かれている。

モルトの甘みからフルーティーな酸味を感じ、最後に洋ナシに似た風味も残る。すべての素材の調和がとれた味わい。

〈主なラインナップ〉
・ウィッチクラフト
・ゴライアス

DATA
ホブゴブリン
スタイル ダークエール
（上面発酵）
原料 麦芽、ホップ
内容量 330㎖
度数 5.0%
生産 マーストンズ

潤 アイコン・ユーロパブ

　ウィッチウッドブルワリーの起源は1841年につくられた小さな醸造所までさかのぼることができる。イーグルブルワリーという名前の時期もあったが、1990年に現在の名称に変更した。魔女が醸造所のトレードマークになっており、おとぎ話のイメージが随所に現れている。キャラクターとしては、ホブゴブリンがフラッグシップであるためこちらが有名。
　「ホブゴブリン」は1996年につくられた比較的新しいビール。モルトは、ペールモルトとクリスタルモルトにチョコレートモルトを少量使用している。ホップは、ファグルホップによるビターな味わい、ゴールディングホップによるシトラスの香りをもたらしている。これらの素材によって、ルビービールともいわれる色合いとバランスのとれた風味をつくり出し、発売後すぐに人気商品となった。
　日本にもホブゴブリン・パブ＆レストランがあり、「ホブゴブリン」が飲めるだけでなくブリティッシュスタイルの料理も味わえる。

🇬🇧 イギリス

さわやかさを感じるブロンドエール
Harviestoun
ハービストン
ビター＆ツイステッド

〈主なラインナップ〉
・オールドエンジンオイル
・シェハリオン

LABEL
ホップを背にして腰に手を当てたかわいいネズミが、ハービストンのトレードマーク。

 アロマ ● レモンやグレープフルーツのようなさわやかな香り。
香り
フレーバー ● モルトの甘いフレーバーとレモンの香りが口中に広がる。

 「Blond Beer」とラベルに書かれている通りきれいなブロンド。泡は純白。
外観

 ミディアム。しっかりしたコクがあり、モルトの甘みをじっくり堪能できる。
ボディ

〈DATA〉
ビター＆
ツイステッド
スタイル
ブロンドエール
（上面発酵）
原料
麦芽、ホップ
内容量
330㎖
度数
4.2%
生産
ハービストン醸造所

問 ウィスク・イー

スコットランドのハイランド地方アルバで創業したハービストンブルワリー。ビターレモンのさわやかな香りが特徴の「ビター＆ツイステッド」が、WBA（ワールドビアアワード）でワールドベストエールを受賞するなど、多くの受賞歴を誇る。

スコットランド最高のエールのひとつ
Traquair
トラクエア
ジャコバイトエール

〈主なラインナップ〉
・トラクエア ハウスエール

LABEL
スコットランドの花であるアザミが描かれている。1745年は名誉革命に対する反革命勢力・ジャコバイトの反乱があった年。

 アロマ ● ローストモルトの香りと紅茶やリンゴのような香りも漂う。
香り
フレーバー ● 柑橘系の香りやコリアンダーによるスパイシーなフレーバーも。

 黒く光をほとんど通さない。真っ白ではないがややくすんだ白い泡との対比が楽しい。
外観

フルボディ。アルコールも感じるので、ゆっくり味わいながら飲みたい。
ボディ

〈DATA〉
トラクエア
ジャコバイトエール
スタイル
スコッチエール
（上面発酵）
原料
麦芽、ホップ、コリアンダー
内容量
330㎖
度数
8.0%
生産
トラクエア醸造所

問 廣島

「トラクエア ジャコバイトエール」は、スコットランドにあるもっとも古い醸造所であるトラクエアハウスでつくられている。1965年に発見された18世紀の醸造設備を使って醸造しており、スコッチエールのなかでも最高のものとされている。

シトラスの香り漂うホッピーなIPA
BrewDog
ブリュードッグ
パンクIPA

アロマ ● 注いだ瞬間にグレープフルーツなどを思わせる柑橘系の香りが広がる。
フレーバー ● グレープフルーツやオレンジの白い皮を連想させるフレーバーが鼻から抜ける。

透き通った銅色のボディ。泡立ちがよく、いつまでも残る。

ミディアム。ホップによる苦みとのバランスを取るため、ある程度ボディを強くしている。

United Kingdom

LABEL
伝統的なビールとは違ったアーティスティックな力強いデザインが特徴。銘柄によって色が異なる。

モルトはマリスオッター、ホップはネルソン・ソーヴィン、シムコーなどを使用。モルトの甘みとともにホップの苦みが口中に広がる。

〈主なラインナップ〉
・5A.M. セイント
・デッドポニークラブ
・ジェットブラックハート

DATA
パンクIPA
スタイル　イングリッシュスタイル・IPA
　　　　　（上面発酵）
原料　麦芽、ホップ
内容量　330ml
度数　5.6%
生産　ブリュードッグ醸造所

問 ウィスク・イー

　伝統的なブルワリーが多く残るイギリスにあって、2007年創業と新しい醸造所のブリュードッグ。ビール好きのジェームズ・ワットとマーティン・ディッキーの2人がスコットランド北東部のフレザーバラで立ち上げ、商業主義的なビールに対抗し品質にこだわったビールをつくり出している。「パンクIPA」や「デッドポニークラブ」など、ネーミングもユニーク。落ち着いた味わいが多いイギリスのビールのなかで、そのユニークなビールはすぐに世界でも人気になる。その後も成長を続け、2010年にアバディーンに初のオフィシャルバーをオープンし、現在46店舗を展開している。
　「パンクIPA」はブリュードッグの代表的なビールで、大手スーパーマーケットTESCOのドリンクアワードを受賞。その他の銘柄でも、ワールドビアカップやワールドビアアワードで受賞している。

🇬🇧 イギリス

ケルトの美しいアロマが溶けこんだビール

Celt
ケルト
ブレディン1075

〈主なラインナップ〉
・ゴールデンエール
・ブロンズエール

LABEL
シックで高級感のあるラベル。1075年に没したウェールズのブレディン王の名前を冠している。

| アロマ | ● グレープフルーツなどのシトラス系アロマを感じる。
| フレーバー | ● シトラスの香りとダージリンティーのようなフレーバーが口中に広がる。

(DATA)
ケルト
ブレディン1075
スタイル
イングリッシュスタイル・ペールエール
(上面発酵)
原料
麦芽、ホップ
内容量
500ml
度数
5.6%
生産
ケルト・エクスペリエンス
問 ジュート

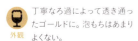
丁寧なろ過によって透き通ったゴールドに。泡もちはあまりよくない。

ミディアム。透き通った色のイメージほど軽くはなく、甘みや苦みがぶつかることなく主張している。

ケルトの歴史からインスピレーションを受け、オーガニックな原料で醸造を行なっているケルト・エクスペリエンス。その歴史は浅いものの、数々の賞を受賞するなど評価は高い。「ブレディン1075」は雑味のないアロマとモルトのバランスが特徴。

小規模醸造所でつくるオーガニックなビール

Black Isle
ブラックアイル
ゴールデンアイペールエール

〈主なラインナップ〉
・レッドカイトエール
・ブロンドラガー
・ポーター
・スコッチエール

LABEL
スコットランドの国花「アザミ」を模したデザイン。スタイルによって中央の丸の色が変わる。

| アロマ | ● ライムのような柑橘系の香りがふわっと香る。
| フレーバー | ● 柑橘系の香りに加え、ベリー系の香りも感じられる。

(DATA)
ブラックアイル
ゴールデンアイ
ペールエール
スタイル
イングリッシュスタイル・ペールエール
(上面発酵)
原料
麦芽、ホップ、小麦
内容量
330ml
度数
5.6%
生産
ブラックアイル
問 キムラ

透き通ったゴールドが美しい。うっすらとクリーム色をした泡はあまりもちがよくない。

ミディアム。小麦を使用することによってかろやかな味わいに。

1998年創業のブラックアイルブルワリーは、スコットランドの小規模醸造所。上質なオーガニックビールをつくっている。「ゴールデンアイペールエール」は、クリスタルモルトと小麦をブレンドし、モルトの甘みとかすかな酸味でリッチな味わい。

誰もが思い浮かべる黒ビールの定番
Guinness®

ギネス
エクストラスタウト

Ireland

アロマ ● チョコレートのような香りや香ばしさが感じられる。
フレーバー ● ローストされた大麦がコーヒーのような香りをもたらしている。ややスモーク感もある。

外観 黒いビールの代名詞的存在になった、黒いボディとクリーミーな泡。見ただけでギネスだとわかる。

ボディ ミディアム。色から想像するほど重くなく、ドライな印象もあり飲みやすい。

LABEL
描かれているハープは、中世から続くアイルランドの象徴。アーサー・ギネスのサインも書かれている。

エクストラスタウトは、初期のギネス「エクストラ・スーペリアー・ポーター」を再現したもの。ボトルでも泡はきめ細かい。

〈主なラインナップ〉
・ドラフト

DATA
エクストラスタウト
スタイル アイリッシュスタイル・ドライスタウト
（上面発酵）
原料 麦芽、ホップ、大麦
内容量 330ml
度数 5%
主産 ディアジオ社

香り／キレ／コク／酸味／甘み／苦み

問 キリンビール

「黒ビール」といえば真っ先に思い浮かぶほど有名なギネス。1759年にアーサー・ギネスがつくり出し、世界中で人気になった。この黒さはローストした麦芽によるもの。当時、麦芽に税金がかかっていたことに目をつけたアーサー・ギネスが、麦芽化されていない大麦をローストして使い始めたともいわれている。また、クリーミーな泡もギネスの特徴だが、これは窒素によるもの。完璧にギネスを注ぐには、注いですぐには飲まず、泡が落ち着くまで待つ必要がある。泡がつくり上げられるのを見ている時間も、ギネスの楽しさである。

世界中どこでも飲めるビールともいえるが、見ためは同じようでもアルコール度数4.0~8.0%程度のものまでさまざまな種類があり、日本では飲めないギネスもある。日本では缶入りのギネスもあり、缶のなかに入っているフローティング・ウィジェット（球状のカプセル）によって、パブで飲むギネスと同じような泡をつくり出せるようになっている。

アイルランド

アイリッシュ・レッドエールの
代表的ビール
Kilkenny®
キルケニー

LABEL
アイルランドを象徴する色であるグリーンと、レッドエールの赤を使ったデザイン。

アロマ ●フルーティーな香りが感じられるが、あまり強くない。
香り
フレーバー ●モルトによる甘みを感じる香り。ホップの香りも控えめ。

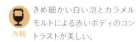
きめ細かい白い泡とカラメルモルトによる赤いボディのコントラストが美しい。
外観

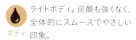
ライトボディ。炭酸も強くなく、全体的にスムースでやさしい印象。
ボディ

DATA
キルケニー
スタイル
アイリッシュスタイル・レッドエール
（上面発酵）
原料
麦芽、ホップ、大麦
内容量
15ℓ樽詰
度数
4.5%
生産
ディアジオ社

問 キリンビール

　スタウトと並ぶアイルランドで人気のスタイルがレッドエール。「キルケニー」は1710年にセント・フランシス・アビー醸造所で誕生し、それ以来アイリッシュ・レッドエールの代表的な銘柄となっている。香りやボディも強くなく、飲みやすいビール。

アイルランドで絶大な人気を誇る
Murphy's
マーフィーズ
アイリッシュスタウト

LABEL
漆黒のボディとクリーミーな泡を思わせるシンプルな色使い。紋章と誕生年も書かれている。

アロマ ●チョコレートやコーヒーのような香り。熟したフルーツを思わせる香りも。
香り
フレーバー ●ローストされたフレーバーを感じるが、酸味につながるフルーティーさもある。

スタウトらしい黒。ウィジェットによるクリーミーな泡はやや茶色がかっている。
外観

ミディアム。強すぎない苦みと低めのアルコール度数で、かろやかな印象。
ボディ

DATA
アイリッシュスタウト
スタイル
アイリッシュスタイル・スタウト
（上面発酵）
原料
麦芽、ホップ、小麦
内容量
500㎖
度数
5.6%
生産
ハイネケンインターナショナル

問 アイコン・ユーロパブ

　1856年にジェームズ・J・マーフィーによって誕生したマーフィーズ。アイルランドではマーフィーズかギネスかといわれるほどの人気。醸造所のあるコーク州ではとくにマーフィーズが愛されている。世界でも80か国以上で飲まれている。

本場でしか味わえない、カスクコンディションの魅力

イギリスには生産量に関わらず、絶対に輸入のできないビールがあります。パブ文化とエールビールが根づいたイギリスならではの楽しみ方を紹介します。

パブの地下で熟成を待つ樽（カスク）

　ビールの輸送・管理技術は進んできており、日本でも現地と変わらないクオリティのビールを味わえるようになってきました。それでもイギリスでなければ飲めないビールがあります。それが、カスクコンディションのビールです。

　カスクコンディションとは、樽＝カスクのなかで二次発酵を行ってビールの状態を整えることです。カスクコンディションのビールは、醸造所でつくられた後、ろ過や熱処理をされずにカスクに詰められ、酵母が残ったまま店まで運ばれます。二次発酵が続いたまま店で管理され、飲みごろに開栓されますが、この飲みごろの見極めは店側の腕に委ねられます。

　実はカスクコンディションには廃れつつある時期がありました。それを憂いた4人の若者がCAMRA（Campaign for Real Ale）という消費者団体を結成し、伝統的なカスクコンディションのビールを「リアルエール」と定義し普及に務めたのです。現在、パブでカスクコンディションのビールが飲めるのは、CAMRAの活動によるものが大きいといえます。

　カスクコンディションのビールは、炭酸ガスを加えません。発酵でできる二酸化炭素のみが溶けこんでいるため、非常にやさしい味わいが楽しめるのです。日本のクラフトビールメーカーでもカスクコンディションのビールをつくっているところはありますが、イギリスビールのカスクコンディションが飲めるのはイギリスのパブだけです。イギリスに行ったら、ぜひパブでプロの技を味わってみてください。

Photo by Fujiwara hiroyuki

その他の
ヨーロッパ

EUROPE

伝統的なものから
新しいものまで
国ごとに独自の
風味を生み出す

ヨーロッパ分布地図

デンマーク
DENMARK

世界的に有名な銘柄は下面発酵ビールのカールスバーグやツボルグです。ニューウェーブとしては自前の醸造所を持たず世界の醸造所とコラボしてビールづくりをする、ミッケラーのようなユニークなメーカーも創業しています。

オランダ
NETHERLANDS

世界的に有名な銘柄はハイネケン、グロールシュなどの下面発酵ビールです。ベルギーと接する地域ではベルギースタイルの濃厚なビールもつくられています。とくに有名なのはラ・トラップ修道院でつくられているトラピストビールで、アルコール度数10.0％のものもあります。また、デ・モーレンなど小規模醸造で個性的なビールをつくるメーカーも育ってきています。

イタリア
ITALY

有名な銘柄としてはモレッティやベローニ・ナストロアズーロなどの下面発酵ビールですが、北イタリアを中心にビッラ・デル・ボルゴ、バラディンといったクラフトビールのムーブメントが始まっています。

ロシア
RUSSIA

ウォッカを好む国民性からか、アルコール度数の高いビールが好まれる傾向にあります。古くはインペリアルスタウトを英国から多く輸入していたという歴史もあり、バルティックポーターと呼ばれる黒色系のビールがつくられています。このバルティックポーターは、上面発酵酵母ではなく下面発酵酵母が使われています。

Russian Federation

チェコ
THE CZECH REPUBLIC

チェコのピルゼンは、世界的に普及しているピルスナースタイル発祥の地です。伝統的なピルスナーやダークラガーが中心ですが、マツツーシカ、カラスティーナ・ピヴォヴァル・ストラホフといった小規模醸造所がエールスタイルのビールもつくっており、この流れは全土に広がりつつあります。

オーストリア
AUSTLIA

モルトのやや甘い香りと風味のあるウィンナースタイル（ヴィエナスタイル）発祥の地。しかし、今ではほぼ廃れており、ドイツと接している地域ではジャーマンスタイルのピルスナーやヴァイツェンなどが多くつくられています。また、アルペンハーブを使ったさわやかなビールもあります。

ドイツ・ベルギー・イギリスといったビール大国を抱えるヨーロッパにおいて、ビール文化はまたたくまに全土へと広がり、今日に至ります。

硬水のイメージが強いヨーロッパですが、全体的な傾向としては、下面発酵ビールのピルスナーを踏襲した、ハイネケンやツボルグのような淡色系のラガービールが多くつくられています。

しかし近年、クラフトビールの流れの広まりとともに、上面発酵ビールやハイアルコールビール、ワイン樽熟成ビールなどをつくり始める醸造所も増えています。この流れはとくにチェコ、スロバキア、北イタリア、デンマーク、オランダ、ノルウェー、スイスといった国々へ広まり、非常にユニークなビールづくりが行われています。

STYLE
その他のヨーロッパの主なスタイル

ラガー（下面発酵）
LAGER

チェコ
ボヘミアン・ピルスナー

ピルゼンで1842年に生まれた淡色系下面発酵ビール。世界中で飲まれるピルスナーの手本となったスタイル。ドイツのジャーマンピルスナーより、若干色が濃くモルト感も高い。

オーストリア
ウィンナースタイル／ヴィエナスタイル

オーストリアのウィーン発祥。ウィンナーモルトの赤みがかった色が反映された中濃色で、焼いたパンのような香りが特徴。オクトーバーフェストビアはこのスタイルをベースにしたといわれている。現在では、ヨーロッパよりもメキシコやアメリカのクラフトビールで人気が高いスタイル。

ヨーロッパ全域
インターナショナルピルスナー

ピルスナースタイルが世界的に広がり、モルトの甘みとホップの苦みが弱くかろやかになったスタイル。米やトウモロコシなどが使われているものも多い。ワールドビアカップのコンテストなどで、カテゴリーとして使用される。日本の大手ビールもこのカテゴリーに入る。

■ チェコ

世界初の黄金色に輝くビール、元祖ピルスナー

Pilsner Urquell

ピルスナーウルケル

アロマ ● 上品なホップの香り。
フレーバー ● フランスパンのクラム(白い部分)を思わせるモルトフレーバーと上品なホップのフレーバー。

透明感のある黄金色。

ミディアム。ホップがきいた心地よい苦みは、食前酒として最適。

LABEL
ボトルの色味を生かす白いラベルにグリーンの文字が映える。赤い蝋印の中央に描かれた門は醸造所の門。

1842年にピルゼンで生まれたピルスナースタイルの元祖となるビール。ピルゼンの軟水とモラビア産の大麦が生んだ傑作の原点。

DATA
ピルスナーウルケル
スタイル ボヘミアン・ピルスナー
(下面発酵)
原料 麦芽、ホップ
内容量 330ml
度数 4％以上5％未満
生産 プルゼニュスキー
プラズドロイ社

問 アサヒビール

世界的にポピュラーな黄金色のピルスナースタイルは、このビールから始まる。ウルケルは「元祖」という意味。それまで濃色のビールしかなかった時代。1842年、ピルゼン市の醸造所において、チェコ産の原料を用いてつくられた淡色系の下面発酵ビールは、上品なホップの苦みと輝く黄金色をもつまったく新しいビールで人々に衝撃を与えた。

ガラス製のグラスの普及にともない、世界的にも人気が高まり、爆発的に広がる。日本の大手ビールも、その源流をたどればこのビールにいきつく。

キレのある爽やかさと、ほのかなカラメルの香りが特長。トリプルデコクションという古典的な糖化方法を3回繰り返す伝統的な製法を守り続けている。

醸造所ではブルワリー・ツアーが行われており、見学の途中に樽から直接汲み出した無ろ過のビールを試飲できる。併設のレストランでは食事とともに新鮮なピルスナーウルケルが楽しめる。

その他のヨーロッパ

 チェコ

大手ビールメーカーも憧れた本家のビール
Budweiser Budvar
ブドヴァイゼル・ブドバー

香り
- アロマ ● 麦の香りとザーツホップの華やかな香りがある。
- フレーバー ● ホップの香り、苦みが強く感じられる。

外観
ピルスナーらしい透明感のある金色。

ボディ
ミディアム。苦みとほのかな甘みがあり、肉料理とマッチする味わい。

LABEL
白地に赤い文字が浮き上がるデザインはシンプルでわかりやすい。

アメリカのバドワイザーと同じスペリングのBudweiserだが、味わいはかなり違う。チェコのBudweiserは味わいのしっかりしたビール。

〈主なラインナップ〉
・ダークラガー
・プレミアム ラガー

DATA
ブドヴァイゼル・ブドバー
スタイル ボヘミアン・ピルスナー（下面発酵）
原料 麦芽、ホップ、水、酵母
内容量 330㎖
度数 4.7％
生産 ブデヨヴィッキー・ブドバー

写真 アイコン・ユーロパブ

　チェコの南部チェスケー・ブディェヨヴィッツェという町のビール。上品なホップの香りとそこはかとなくパンやバターのような香りが漂う。
　ほかにこの醸造所では、色の薄いヘレスや濃色系のデュンケル（ダークラガー）もつくられている。ヘレスはかろやかな味わいに。デュンケルは淡色の「ブドヴァイゼル・ブドバー」にコーヒーのようなこうばしい香りがプラスされた飲みごたえのあるビールに仕上がっている。醸造所には併設レストランがあり、ビールとともに食事を楽しむこともできる。
　Budweiser Budvarのスペリングにあるように、アメリカのバドワイザーはブドヴァイゼルの英語発音である。上質のビール"ブドヴァイゼル"にあやかった名前であるが、かつては商標権をめぐって争った時期もあった。現在は合意が成立している。

チェコ

王室貴族にも好まれる代表的なピルスナー

Jezek
ヨジャック
シンコヴニ ペール10

LABEL
ハリネズミを表すヨジャックの名の通り、ラベルの中央にはハリネズミが描かれている。

クリアーな黄金色の見た目の通り、すっきりとした味わいでアルコール度も低く、飲みやすい。

アロマ ● 洋ナシやジャスミンのような爽やかな芳香。
香り
フレーバー ● バランスのとれた風味。のどごしのあとに、キリッとした苦味。

外観　クリアーな黄金色。

ボディ　ミディアム。高品質なピリッとした味わい。

〈主なラインナップ〉
・グランドプレミアム

DATA
シンコヴニ ペール10
スタイル　ピルスナー（下面発酵）
原料　麦芽、ホップ、酵母
内容量　300㎖、500㎖（グラス）
度数　4.4％
生産　ジェンコヴニ醸造所

問 ワールドリカーインポーターズ

　醸造所は、チェコ南部にあるヴィソチナ州のイフラヴァという町にあり、その歴史は14世紀前半までさかのぼることができるチェコの伝統的な醸造所だ。工業的な大量生産はしておらず、チェコらしいビールづくりを行っている。その品質の高さは折り紙つき。チェコの国内市場だけにとどまらず、オーストラリアなどにも輸出され、海外にも多数のファンがいる。また、王室貴族にも提供されたことにより、王室貴族のなかにもファンが多いといわれている。
　ヨジャックの名は、チェコの言葉でハリネズミという意味。グラスのラベルの中央にもハリネズミが描かれている。
　「シンコヴニ ペール10」はホップの苦みと麦芽の甘みが心地よい、まさに代表的なピルスナー。日本人に好まれやすい味わいで、アルコール度数も4.4％なので飲みやすい。

オーストリア

チロルが誇る真の地ビール

Zillertal

ツィラタール

ピルス プレミアムクラス

LABEL
キュートなロゴマークの下に書かれた「seit1500」の文字。1500年創業という伝統をうたっている。

アルプスの恵みである清冽かつビールづくりに適した伏流水を使用。チロルに伝わる伝統的な製法で、最低3ヶ月かけてじっくりと熟成させて完成する。

アロマ ● しっかりしたモルトとホップの香りが感じられる。
フレーバー ● ホップの苦みとモルトの甘みのバランスが絶妙。

やや薄めのゴールド。泡はきめ細かくクリーミー。

非常に飲みやすく、クリアに仕上がっている。余韻も長くない。

〈主なラインナップ〉
・ヴァイス
・シュバルツ
・ツヴィッケル
・ラドラー
・ダウダーボック

DATA
ツィラタール・ピルス
プレミアムクラス
スタイル ジャーマン・ピルスナー
（下面発酵）
原料 麦芽、ホップ
内容量 330ml
度数 5.0%
生産 ツィラタールビール社

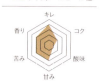

問 イエナ

オーストリア西部からイタリア北部にまたがり、氷河やスキー場などを擁する一大観光地として知られるチロル地方。この地に500年以上も前に誕生したツィラタールビール社は、オーストリアでもっとも古い企業のひとつであり、国内で最初にピルスナーを醸造した歴史をもっている。

「ツィラタール」という名前は近くを流れるツィラー川、ドイツ語で「渓谷」を意味する「タール」から取っている。アルプスの伏流水、国内産のモルトとホップを使用し、真の地ビールといえる一本。長期間にわたって低温熟成する製法も土地に古くから根づいているもの。

そんなオーストリアを代表する地ビールが日本で飲めるようになったのは、つい最近のこと。2009年、「日本におけるオーストリア年」を記念して輸入が開始された。世界的な流通量はまだまだ少ない貴重な一本。

🇦🇹 オーストリア
アルプスが育んだ小麦のビール
Edelweiss
エーデルワイス
スノーフレッシュ

LABEL
白地に青文字の上品なデザイン。アルプスの山並みやエーデルワイスが浮彫りされたボトルも特徴的。

ミントや西洋ニワトコなど複数のアルペンハーブとアルプスの山嶺水で仕込まれるヴァイツェン。ハーブを使った新鮮な一本は、ビールがあまり得意ではない女性にもおすすめ。

アロマ ● 酵母由来のバナナ香とハーブの複雑な香りが感じられる。
フレーバー ● スパイシーなハーブのさわやかなフレーバー。

酵母の影響で少し濁りのある金色。ヴァイツェンらしく泡はこんもり。

ライト。キレがよく飲みやすい。一杯目にもふさわしいスムーズな飲み口。

DATA
エーデルワイス
スノーフレッシュ
スタイル　ハーブ＆スパイスビール
　　　　　（上面発酵）
原料　麦芽、ホップ、アルペンハーブ
内容量　330㎖
度数　5.0％
生産　カルテンハウゼン醸造所

問 イエナ

　小麦を使ったヴァイスビールの本場といえば、南ドイツのバイエルン州。その歴史は古いが、お隣のオーストリアにも本場に匹敵するくらい古くからヴァイスビールをつくっている醸造所がある。それが、ザルツブルク近郊にあるカルテンハウゼン。1475年にザルツブルクの市長と裁判官が設立したブルワリーが前身のため、優に500年以上の歴史を誇っている。
　ブランド名の「エーデルワイス」は、アルプスの過酷な環境下で凛と咲くオーストリアの国花から。ドイツ語で「Edel」（高貴な）「Weiss」（白）という意味で、オーストリアの上質なヴァイスビールのネーミングにふさわしい。
　地方伝統のレシピにアルペンハーブを配合して誕生したのが、この「エーデルワイス スノーフレッシュ」。2006年に発売・輸入が開始され、日本でもビア・バーなどで高い人気を得ている。

95

🇦🇹 オーストリア

15世紀から続くオーストリアの老舗ビール

Gösser

ゲッサー
ゲッサー・ピルス

LABEL
緑色のボトルとラベルが豊かな自然で育まれたイメージを醸し出す。力強いロゴは王道ビールにふさわしい。

アルプスを擁するオーストリアでも有数の名水で仕込まれたピルスナー。厳選された原料が織りなす洗練された味わいが、国内外のファンを魅了してやまない。

香り
アロマ ● フルーティーで、ホップの豊かな香りが感じられる。
フレーバー ● 力強いモルトの香りとやさしいホップの香りが舌の上を駆け抜ける。

外観
明るく、美しいゴールド。トップの泡はくすみのない白。

ボディ
適度なコクがあり、ピルスナーでありながら高い満足感が得られる。

〈主なラインナップ〉
・ダーク

DATA
ゲッサー・ピルス
スタイル ピルスナー
　　　　（下面発酵）
原料 麦芽、ホップ
内容量 330mℓ
度数 5.2%
生産 ゲッサー醸造所

問 イエナ

　かつてビールは"液体のパン"として、栄養を補う目的で飲まれていた。オーストリアのゲッサー醸造所も15世紀ごろは、尼僧院で修行に勤しむシスターの栄養補助飲料としてビールをつくっていたという記録が残っている。
　19世紀なかごろになると尼僧院の一部が買い取られ、醸造専門の施設が誕生。これが現在のゲッサーの起源となる。
　ゲッサーの大きな特徴は原料となる水。醸造所があるゲスという地で湧き出る水はオーストリアでも指折りの名水といわれ、「ゲッサー・ピルス」が誇る上質な飲みやすさに貢献している。
　ホップと大麦は純国産にこだわっており、とくにホップはベルギーなど国外にも輸出されているシュタイヤマルク州産のものが使用されている。
　実力派のブルワリーが揃うオーストリアにおいても、ゲッサーの存在感は別格。それは第二次大戦後、独立宣言の祝宴で飲まれたという逸話からも伺える。

🇩🇰 デンマーク

ビール史に刻まれる巨大ブランド
Carlsberg
カールスバーグ

LABEL
王冠がポイント。1904年にデンマーク王室御用達となり、その際に宝冠マークの使用が許可された。

世界中で幅広く飲まれているだけあって、偏りの少ないバランスの取れた味わい。飲み口が非常に軽快なので、夏場、のどの渇きを潤すのに最適。

香り
- **アロマ** ● 香りは弱い。ほのかにモルトの香りがする程度。
- **フレーバー** ● のどを鳴らして飲み終えると、ホップと麦芽の風味が鼻を抜けていく。

外観
美しいゴールドは典型的なピルスナーの色。泡のきめ細かさも特徴。

ボディ
ライトボディ。極めて軽く、すっきりとした飲み口が最大の魅力。

DATA
カールスバーグ
スタイル ピルスナー
　　　　（下面発酵）
原料 麦芽、ホップ
内容量 330㎖
度数 5.0%
生産 カールスバーグ社

輸入 サントリービール

　パスツールの「低温殺菌法」、リンデの「アンモニア式冷凍機」、ハンセンの「純粋培養法」。これらをビールの3大発明と呼ぶが、酵母の純粋培養に大きく関わっているのがデンマークのビールメーカー、カールスバーグである。

　カールスバーグ社は1847年、J.C.ヤコブセン氏によって創業。その後、ビールの質を高めるために研究所を設立した。そこでハンセン博士がエールから上面発酵酵母を、ラガーから下面発酵酵母を単独で分離することに成功する。

　世紀の発見と、創業者と2代目の分離と統合、積極的な海外輸出を経て巨大企業への仲間入りを果たしたカールスバーグのピルスナーは、現在150か国以上もの国々で愛飲されている。

　日本ではサントリーがライセンス生産および販売を行っており、身近な海外ビールとして存在感を放つ。飲みやすさと個性を両立した上質な味わいに固定ファンも多い。

その他のヨーロッパ

🇩🇰 デンマーク

世界中のビアマニアをうならす
Mikkeller
ミッケラー
ディセプション・セッションIPA

LABEL
こちらを誘惑するように、天使と悪魔がラベルの両脇に描かれている。

搾りたてのグレープフルーツのようなジューシーさを感じたかと思えば、ピーチクリームを挟んだビスケットのような口当たりに。

香り
アロマ ● 果樹園を思わせるフルーティーさ。
フレーバー ● 南国フルーツの香りを感じ、あとからホップの香りが舞い降りる。

外観
オレンジがかった黄金色。やわらかな泡立ち。

ボディ
ミディアムボディ。マンゴーやパッションフルーツの味わいが広がる。フィニッシュにかけてドライになりホップの苦みにつながる。

〈主なラインナップ〉
・ブラックホール BA 赤ワイン樽
・1000IBU
・ソートガル ブラックIPA

(DATA)
ディセプション・セッションIPA
スタイル イングリッシュスタイル・ペールエール
（上面発酵）
原料 麦芽、ホップ
内容量 330mℓ
度数 5%
生産 ミッケラーブルワリー

㈱ウィスク・イー

　今、世界中のビアマニアをもっとも魅了しているブルワリーのひとつがデンマークのコペンハーゲンにあるミッケラーである。
　既存のビアスタイルの概念を次々と覆すアグレッシブな姿勢で、ビール界に現在進行形で革命を起こしている。創業は2006年、もともとホームブルワーだったミッケル・ボルグ氏とクリスチャン・ケラー氏の2人のビアマニアが設立した。自らを"ファントムブルワー"と名乗り、醸造施設を保有していない。

　鋭敏な感覚でレシピを書き上げ、実際の醸造は自国デンマークをはじめとする北欧や、アメリカなどのマイクロブルワリーに委託している。
　超高級なコーヒーを使用したビールや「ブラックIPA」、「1000IBU」のビールなど、彼らの自由なビールづくりからファンは目が離せない。
　ディセプション・セッションIPAは、南国のフルーツを思わせる甘美な味わいが特徴的な、思わずゴクゴクと飲んでしまうビール。

🇳🇱 オランダ

珍しいオランダ生まれのトラピスト

La Trappe
ラ・トラップ
ブロンド

LABEL
大きな「B」の文字。「Dubbel」だと「D」という具合に、銘柄によってアルファベットと色が変わる。

かろやかだが甘み、苦み、酸味を感じられる奥行きのある味わい。フルボディのトラピストビールが苦手な方にもおすすめ。のどごしもよいので続けて飲みたくなる。

 アロマ ● モルトの焙煎香とフルーティーな香りを感じ取れる。
フレーバー ● ほのかな麦芽の香りを感じた後、さわやかな苦みと酸味が追いかけてくる。

 ブロンドと名づけられているがオレンジ色に近い。泡はしっかりしている。

 ライト〜ミディアムボディ。コクはあるが、フレッシュで飲みやすい。

〈主なラインナップ〉
・ダブル
・トリプル
・クアドルベル

DATA

ラ・トラップ ブロンド
スタイル トラピスト（上面発酵）
原料 麦芽、ホップ、糖類、酵母
内容量 330mℓ
度数 6.5％
生産 ラ・トラップ醸造所

輸 小西酒造

　トラピストビールはすべてベルギー生まれ。そう思いこんでいる人は多いが、実はオランダにも存在する。それが、ラ・トラップ醸造所。ただし、場所はオランダとベルギーの国境線上に位置するアヘル修道院からもほど近く、かなりベルギー寄り。

　絶大なブランド力を持つトラピストビールのなかで、ラ・トラップが異端なのは場所だけではない。19世紀後半に醸造を始める際、エールではなく競争相手がいないラガーに絞った。また近年、生産をババリアブルワリーに委託したことから、「トラピスト」のロゴが外されていた時期もあった。

　現在はベルギーにあるほかのトラピストビールと足並みを揃えるかのように、アルコール度数が高く、フルボディの「クアドルベル」などをラインナップ。アメリカでは修道院名であるコニングスフォーヴェン（「王の庭園」の意味）という名前で販売されている。

その他のヨーロッパ

🇳🇱 オランダ

オランダ生まれのグリーンボトル
Heineken
ハイネケン

LABEL
ロゴに記された3つの「e」は右肩上がり。笑顔のように見えるため「スマイルe」と呼ばれている。

アロマ ● 決して強くはないが、モルト由来の甘い香りが鼻をくすぐる。
フレーバー ● ホップの苦みとモルトの甘み、わずかな酸味が感じられる。

クリアで透き通ったゴールド。トップにはクリーミーな泡が。

ライト〜ミディアムボディ。キレのある飲みやすいイメージがあるが、しっかりコクもある。

世界中で飲まれるクセのないラガー。だが、独特の苦みとコクにより個性が感じられる。それは、ハイネケン社の武器「ハイネケンA酵母」のおかげ。

〈主なラインナップ〉
・ダーク

DATA
ハイネケン
スタイル ヘレス
　　　（下面発酵）
原料　麦芽、ホップ
内容量　330㎖
度数　5.0%
生産　ハイネケン・キリン

キリンビール

　ベルギーのアンハイザー・ブッシュ・インベブ社、イギリスのSABミラーに次いで、世界3位のシェアを占めるオランダの巨大メーカー、ハイネケン。その歴史は1864年、創業者であるジェラルド・ハイネケン氏が当時、オランダでもっとも大きかった醸造所を買い取ったところから始まった。
　上面発酵から下面発酵にトレンドが変わりつつあることを察知したジェラルド氏は、ドイツ人ブルワーを招聘し、下面発酵ビールづくりに取り組む。

その後、いまも使用されているオリジナル酵母によって個性のある風味を獲得。他社との差別化に成功する。現在に至る抜群の知名度は、今世紀初めまで社を率いた3代目のアルフレッド・ハイネケン氏によるところも大きい。彼は広告活動に力を入れ、スポーツや音楽イベントを積極的に後援した。
　現在、ハイネケンは約100の国々に醸造工場をもつが、それぞれに品質管理部門を置くなど厳しい管理体制を敷いていることで知られる。

🇳🇱 オランダ

スイングトップボトルが特長のプレミアムラガービール

Grolsch

グロールシュ
プレミアムラガー

LABEL
小さくシンプルなラベルのため、スイングトップという外観の特徴が際立っている。

アロマ ● スイングトップを開けると、ホップ由来のフルーティーな香り。
香り
フレーバー ● 最初とフィニッシュに苦み。レーズンのようなフレーバーも。

外観
少し濃いゴールド。泡のもちは非常によい。

ボディ
ライト〜ミディアムボディ。しっかりしたコクが感じられ、満足感が高い。

日本のプレミアムビールに近い味わいで人気も高い。フルーティーな香りと上質な苦みが贅沢。ピルスナーではあるが、ゆっくり飲めるオトナの一本。

DATA

グロールシュ
プレミアムラガー
スタイル ピルスナー
　　　　（下面発酵）
原料 麦芽、ホップ
内容量 450㎖
度数 5.0％
生産 ロイヤル・グロールシュ社

問 アサヒビール

　金具で止めた昔ながらの栓「スイングトップ」。いまではごく一部の醸造所でしか使われていないが、そのレトロなたたずまいに根強いファンも多い。そんな「スイングトップ」がトレードマークのグロールシュは、ハイネケンを筆頭に大小さまざまな醸造所がひしめくオランダのなかでも最古のブルワリーのひとつ。創業は1615年にまでさかのぼる。
　「プレミアムラガー」は、厳選された原材料とほのかにフルーティーな味わいを引き出すマグナムホップ、香り豊かなエメラルドホップ、天然の湧き水を使用しており、爽やかでバランスのとれた味わいが楽しめる。日本ではこの「プレミアムラガー」と樽詰ビールで「プレミアムヴァイツェン」が販売されているが、オランダ本国ではさらに多彩なラインナップがあり、ラドラーなど、さまざまなスタイルのビールが飲まれている。
　グロールシュの特徴は創業から脈々と受け継がれている職人の技と、最新鋭の設備が融合した高い醸造技術。オランダ王室からロイヤルの称号が授与されている。

その他のヨーロッパ

 イタリア

ヒゲをたくわえた老紳士が目印
Moretti
モレッティ
モレッティ・ビール

LABEL
ブランドアイデンティティになっている老紳士。スタイリッシュなスーツ姿がイタリアらしい。

どの食事にも合わせやすいラガービール。炭酸はやや強めで、爽快なのどごしが堪能できる。雑味のないクリアで上質な味わいは、世界中のビール好きを魅了している。

 アロマ ● グラスに鼻を近づけると、ほのかに柑橘系のホップの香りがする。
香り **フレーバー** ● トウモロコシのフレーバーが感じられる。モルトの甘みも実感できる。

 明るいゴールド。真っ白な泡とのコントラストが美しい。
外観

 ライトボディ。コクはそれほどなく、キレがあるのでゴクゴク飲める。
ボディ

DATA
モレッティ・ビール
スタイル ピルスナー
　　　　（下面発酵）
原料 麦芽、ホップ、
　　　トウモロコシ
内容量 330mℓ
度数 4.6％
生産 ハイネケン・イタリア

輸 モンテ物産

　美食の国、イタリアは温暖な気候でブドウが採れることもあり、アルコールといえばワインだった。しかし現在、マイクロブルワリーの数が急速に増え、イタリア人らしいセンスを活かしたビールが日本にも続々と紹介され始めている。
　ヒゲをたくわえた紳士のラベルでお馴染みの「モレッティ」は、イタリアビールの定番として日本でも比較的容易に手に入れることができる。
　日本より少し早くビールづくりの歴史が始まったイタリアにおいて、モレッティはもっとも古い歴史をもつ老舗の一つ。ビールづくりの盛んなオーストリアと接するフリウリ州で1859年に生まれた。今では州だけではなく、イタリアを代表するメーカーにまで成長し、世界40か国以上に輸出されている。
　さらなる発展が期待されるイタリアのビール業界において、どこよりも早くワールドビアカップや国際品評会で高い評価を獲得するなど、イタリアビール界の先頭を走り続けるナショナルブランドである。

🇷🇺 ロシア

ロシア最大の新進ブルワリー
Baltika
バルティカ
No.9

LABEL
銘柄によって中央の数字やデザイン、色が異なる。

レギュラーでつくられている中ではもっともアルコール度数が高い。自然発酵をベースにした独自開発の製法で醸されており、飲みごたえが感じられる一本。

 香り
アロマ ● ハチミツ、白コショウ、パンといった多彩で複雑な香りが混じる。
フレーバー ● モルトの甘さが感じられ、パンのようなフレーバーの余韻が残る。

 外観
個性のある中身とは異なり、外観は一見普通のピルスナーのような明るいゴールド。

 ボディ
ミディアム。飲み口はスムーズ。

〈主なラインナップ〉
・バルティカNo.3

〈 DATA 〉
バルティカNo.9
スタイル　ストロングラガー
　　　　　（下面発酵）
原料　　　麦芽、ホップ
内容量　　450ml
度数　　　8.0%
生産　　　バルティカ社

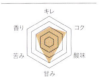

問 池光エンタープライズ

　寒冷地ロシアにとって、アルコールとは体を温めてくれるウォッカだった。ところがソ連崩壊後、ビールの消費量が急増。現在では中国とアメリカに次ぐ世界3位の市場規模にまで成長している。
　かつてビールは、ロシア国内において「酒類」ではなく「食品」扱いだったが、2011年に「酒類」として認められるようになった。そんな特殊な背景をもつロシアで最大のシェアをもち、海外にも積極的に輸出されているのがサンクトペテルブルクに籍を置くバルティカ。設立はソ連崩壊前年の1990年と若いが、「No.9」で2009年モンドセレクション金賞受賞など高い評価を得ている。
　大きな特徴は、商品名が番号で表示されていること。同ブランドでは、ノンアルコールの「No.0」から「No.9」までの現在8種類を醸造（No.1とNo.5は生産休止中）。スタイルはドルトムンダー、ポーター、ウィートビールなど多彩だが、日本ではなかなかお目にかかれない銘柄が多い。

COLUMN
1年中おいしい！

世界のビールと季節の楽しみ方

ビールは夏だけの飲み物!?
いいえ、色、味や香り、
アルコール度数の個性が豊富なビールなら、
春夏秋冬どの季節にも合うものが探し出せます。

春 SPRING

まだ寒さの残る初春は、アルコール度数6.5〜7.5％のボック（ドイツ）がほどよく体を温めてくれます。桜の咲くころには、ランビック・クリークやフランボワーズ、フランダース・レッドエール（いずれもベルギー）といった赤みを帯びた酸味のあるビールが、春のやわらかい気候を盛り上げてくれます。鮮烈な苦みと若草にも似た香りの漂うIPA（イギリス、アメリカ）は山菜、タケノコ、菜の花など春の食材にも相性のよいビールです。

夏 SUMMER

のどの渇きを癒すライトラガーは定番中の定番。ウィート（小麦）ビール（ドイツ、ベルギーなど）も心地よさを与えてくれます。ランビック・グーズ（ベルギー）などの強い酸味も夏バテ気味の体には食欲をそそる一杯に。ベルジャンスタイル・ホワイトエールのスパイシーな魅力、アメリカンスタイル・ペールエールのシトラスを連想させるホップフレーバーもさわやかでピッタリ。

Autumn 秋

残暑の初秋には、バナナやクローブの香りにチョコレートのようなこうばしさが加わるデュンケル・ヴァイツェン（ドイツ）がおすすめです。秋が深まれば、ナッツのような風味を感じるイングリッシュ・ブラウンエールやダージリンティーを思い出させるイングリッシュ・ペールエール（いずれもイギリス）を、ロンドン紳士気取りでチビチビと。秋の夜長とともに味わってみましょう。

Winter

寒い日は体を温めてくれるハイアルコール系ビールを。ベルジャン・ダブル（ベルギー）やバーレイワイン、インペリアル・スタウト（いずれもイギリス）などがおすすめです。モルト感のあるビールやクリークを、ホットビールにして飲むのもこの季節ならではの楽しみ方でしょう。クリスマスにはスパイスの入ったシーズンスペシャルを出すメーカーもあります。ぜひお試しを。

アメリカ
メキシコ

🇺🇸 THE UNITED STATES OF AMERICA
🇲🇽 MEXICO

アメリカ分布地図

大手メーカーの
アメリカンラガーに対し
小規模なクラフトビールも
数多くつくられ人気に

　大手メーカーが大量に生産する「バドワイザー」「クアーズ」「ミラー」など、昔からみんなに親しまれているビールは、アメリカンラガーといいます。のどの渇きを癒し、のどごしがよく、苦みも少ないライトなラガーです。

　そんななか、「アンカースチームビア」から始まったクラフトビールは、大手とはまた違った豊かな個性が受け入れられ人気になりました。今では国内に5200以上のマイクロブルワリー（小規模醸造所）が誕生しています。とくに西海岸には急成長を遂げたブルワリーが多く、アメリカ産ホップをたっぷり使ったホッピーなペールエール、IPAなど、ウエストコーストスタイルと呼ばれるビールが親しまれています。

　アメリカでのビールの飲み方はふたつ。のどが渇いたときに、家で食事をしながら、スーパーでまとめ買いをしておいて飲むびんや缶ビール。そのほとんどは大手ビールメーカーのラガービールです。一方、個性豊かなエールなどを楽しめるクラフトビールは、主にそのブルワリー近くに住む人たちによって楽しまれています。マイクロブルワリーはレストランを併設しているところも多く、リゾート地や町中で営業しています。また、西海岸や、大都市にはクラフトビールを生で楽しめるパブやレストランも増えています。オーガニックフードと同じように、ビールにもこだわるアメリカ人は年々増加中です。

アメリカ
U.S.A.

大手メーカーのライトなアメリカンラガーが多く飲まれるなか、小規模醸造のクラフトビールが各地に誕生し、ホップをたっぷり使ったIPAをはじめとする個性豊かなビールも人気です。

メキシコ
Mexico

しっかりしたビールをつくるモデロ社が有名ですが、世界各国でも人気のコロナに代表される、苦味が少なく飲みやすいライトラガーが多く生産されています。

ハワイ
Hawaii

コナ・ブリューイングや、100年前に誕生し、近年復活したプリモビールをはじめ、南国らしい華やかでのどごしのいいビールが中心。クラフトビールも近年増えてきています。

STYLE
アメリカの主なスタイル

エール（上面発酵）
ALE

アメリカンスタイル・ペールエール
イギリス発祥のペールエールを柑橘系の香りがあるアメリカ産ホップで仕上げたもの。

アメリカンスタイル・IPA（インディアペールエール）
イギリス発祥のIPAを柑橘系の香りがあるアメリカ産ホップで仕上げたもの。

インペリアル・IPA
アメリカンスタイル・IPAの苦み、ホップの香りを強めたもの。アルコール度数が高めになったものもある。

ラガー（下面発酵）
LAGER

アメリカンラガー
軽い飲み口が特徴の淡色系ラガー。アルコール度数の低い「ライトラガー」や、濃色系の「アンバーラガー」などがある。

カリフォルニアコモンビール
ゴールドラッシュ時代にカリフォルニアで生まれたスタイル。下面発酵酵母を高温で発酵させたため、シャープかつ上品な仕上がり。スチームビアとも呼ばれる。

COLUMN

発祥国不明のスタイルもある

スタイルのなかには「発祥国不明」も存在します。例えばハーブ／スパイスビールです。もともとビールにはさまざまなスパイスやハーブが使われており、ホップはそのひとつでした。中世以降はホップを必須とし、ほかのハーブを使わなくなりましたが、リバイバルして再びさまざまな副原料が使われるようになった現在、元来の発祥国は「わからない」となるのです。大昔はすべてが樽熟成だった木樽熟成ビールも同様です。

もっとも、こうした復活ビールのほとんどは、アメリカ・クラフトビールメーカーの挑戦的な試みをきっかけにしています。「発祥国はアメリカ」と考えてもよいのかもしれません。

アメリカンクラフトビールの先駆けとなったビール
Anchor Brewing
アンカーブリェーイング
アンカースチームビア

U.S.A.

LABEL
ブルワリー名に由来するイカリに、麦とホップをイラストで表現。ネックにはスチームビアへのこだわりがびっしりと書かれている。

ラガー酵母をエール酵母のように発酵させたハイブリッドなビールは、ラガーのコクやキレと、エールのフルーティーさを合わせもつ独自のビール。

香り
アロマ ● ハチミツのような甘い香りとフルーティーな香り。
フレーバー ● ほんのりとしたこうばしさと苦み、フルーティーなコク。

外観
明るい銅色。きめ細かなほんのりクリーム色の泡。

ボディ
ミディアム。キレのあるのどごしと、モルト由来のコク、こうばしい苦みが後に残る。

〈主なラインナップ〉
・アンカーリバティエール
・アンカーポーター

DATA
アンカースチームビア
スタイル　カリフォルニアコモンビール
　　　　　（下面発酵）
原料　麦芽、ホップ
内容量　355mℓ
度数　4.9%
生産　アンカー社

問 三井食品

　ゴールドラッシュの時代に、サンフランシスコの労働者向けに始まった前アンカー社のビールは、本来低温で発酵させるラガー酵母をカリフォルニアで常温発酵させた特殊製法。熟成期間が短く、ガスがビールに溶けずに残るため、開栓するとプシューッと蒸気機関のような音を立てる。このことから、スチームビアといわれるようになった。
　禁酒法時代を経て倒産寸前だった前アンカー社をフリッツ・メイタグ氏が1965年から関わって蘇らせ、当時全盛だった大手メーカーに対抗する世界的な人気ブランドにまで発展。マイクロブルワリーがアメリカに広まるきっかけとなったビール。
　強烈なホップの刺激をもつリバティエール、リッチでクリーミーなポーターも人気商品。また、1970年代から始めたヴィンテージつきのクリスマス・エールには、毎年熱心なファンがついている。

109

アメリカ

ホップを惜しみなく使った西海岸の代表的IPA

Green Flash

グリーンフラッシュ
ウェストコーストIPA

オレンジを思わせるジューシーさ、パインのような甘み、苦みがさわやかな風のようにのどを通り抜ける人気のIPA。

LABEL
紫のラベルに、ブルワリー名でもある「グリーンフラッシュ」(夕陽が沈む瞬間に起きる緑の閃光)をイラストで描いている。

香り
アロマ ● オレンジのような甘い柑橘系の鮮烈なホップの香り。
フレーバー ● カラメルモルトの甘い香り、オレンジの皮のような苦みと香り、タイ料理を思わせるスパイスの香り。

外観
透き通りオレンジがかったブラウン、茶色がかったやさしい泡。

ボディ
ミディアム。モルトの甘みに始まり、かろやかでフルーティーな味わいの後に心地よい苦みが残る。

〈主なラインナップ〉
・ソウルスタイルIPA
・リミックスIPA
・パッションフルーツキッカー

DATA
ウェストコーストIPA
スタイル ダブルIPA (上面発酵)
原料 麦芽、ホップ
内容量 355㎖
度数 8.1%
生産 グリーンフラッシュ醸造所

問 ナガノトレーディング

2009年度の全世界のシムコ・ホップ(柑橘系の香りがするアメリカ産ホップ)の購入量はグリーンフラッシュ醸造所が世界一となったとか。アメリカ産カスケードホップを贅沢に使い、シトラスのさわやかな香りと苦みを堪能できるインペリアル・IPAを、世界に知らしめたのはこの銘柄といっても過言ではない。西海岸を代表するだけでなく、今やアメリカンクラフトビールの代表的銘柄となったIPA。

ラベルにも描かれているグリーンフラッシュとは、夕陽が水平線に沈む瞬間に起こる緑の閃光現象のことで、これを見ると幸せになるという。

数々のIPAコンテストで受賞している実力派で、原料、鮮度を重視した少ロット生産にこだわった逸品。元気いっぱいでチャーミングなこのブルワリーは、2002年にリサとマイク夫妻によって始められている。

ホップモンスターと形容されるストーン流の苦みが印象的
Stone Brewing
ストーンブリューイング
ストーン ルイネーション ダブル IPA2.0

香り
アロマ ● シトラス系の香りに、芝生のような草の香り。
フレーバー ● しっかりしたホップの苦みにモルトの甘い香り。

外観
少しオレンジがかった黄金色で、透き通っており、きめ細かな泡立ち。

ボディ
ミディアム。苦みとフレーバーが絶妙なバランスでまとまる。

LABEL
ボトルに直接印刷されたガーゴイルのラベルデザインはシック。ボトルに、"A liquid poem to the glory of the hop(ホップを讃えるための液体の詩)" と記している。

ビールランキングで常に上位に入る同醸造所の看板IPA。

〈主なラインナップ〉
・ストーンIPA
・ストーン・デリシャスIPA
・ストーン・ゴートゥーIPA

DATA
ストーン ルイネーション ダブル IPA2.0
スタイル ダブルIPA（上面発酵）
原料 麦芽、ホップ
内容量 355㎖
度数 8.5％
生産 ストーン醸造所

問 ナガノトレーディング

　現在、カリフォルニアのサンディエゴにあるストーンブルワリーは、1996年サンディエゴに生まれ、急成長を遂げた西海岸屈指の醸造所。数々のブルワリーを訪ね歩き、テイスティングをしたふたりのビール好き、醸造家のスティーブと現CEOのグレッグによって創立され、その経験や熱意の結果、一躍人気となった。ストーン（石）という名前は普遍の象徴として、ガーゴイルは災いを除ける守り神としてトレードマークになっている。

　Centennialホップで元々のキャラクターを維持しつつも、2014年より流通を始めたAzaccaなどの新しいホップを使用することでより複雑で濃厚なアロマ・フレイバーを獲得した。また、ホップバースティングという技術を用いてホップの松のような香り、シトラス、トロピカルフルーツの香りを最大限に引き出している。

アメリカ

アロハ精神に満ちたやさしい味わいのビール
Kona Brewing
コナ・ブルーイング
ファイヤーロックペールエール

香り
アロマ ● シトラスやマスカットに、ほんのりキャラメルの香り。
フレーバー ● やわらかなホップの苦みとローストされたモルトの甘くこうばしい香り。

外観
赤みがかった銅色。クリーミーな泡がこんもりと立つ。

ボディ
ミディアム。甘みを残しながらもバランスのよい苦みが残る。

LABEL
ハワイ島の南国らしい風景のカラフルなイラストに、ヤモリのついたロゴがあしらわれたトロピカルな雰囲気。

甘いモルトと柑橘系果実を思わせるまろやかなホップの苦みが香る、ハワイアンタイプのペールエール。

〈主なラインナップ〉
・ビックウエイブ
　ゴールデンエール
・ロングボードラガー

【DATA】
ファイヤーロック
ペールエール
スタイル　アメリカンスタイル・ペールエール
　　　　　（上面発酵）
原料　麦芽、ホップ
内容量　355㎖
度数　6.0%
生産　コナ醸造所

問 友和貿易

　コーヒーの産地でも有名なハワイ島コナにある、ハワイNo.1のクラフトビールメーカー。1994年より生産が開始されたこのブルワリーは、ラベルのイメージにぴったりのハワイらしい、やさしさを感じるペールエールなどを醸造。ブランドのロゴにも使われているかわいらしいヤモリは、通称GEKKO（ゲッコー）と呼ばれ、ハワイでは幸運をよぶ動物として人気のキャラクター。ブルワリーにはパブも併設され、コナ地域の観光名所になっている。
　「ファイヤーロックペールエール」はオープン翌年の1995年から生産されている看板商品。グレープフルーツのようなホップの香りにマスカットのようなフルーティーな香り、モルトの甘い香りが加わり、気候も人も暖かなハワイにぴったりの味わい。

ウイスキーの樽で長期熟成したフルボディのビール
Epic Brewing
エピック・ブリューイング
スモーク&オーク

  U.S.A.

LABEL
ブルーグレーの落ち着いたカラーでホップのシルエットが描かれている。

アロマ ● スモーキー、ドライフルーツのような香り。
香り
フレーバー ● 熟成されたフルーティーな香りと、バーボンやカラメルのような香り。

外観 赤みのあるアンバーブラウン。泡立ちは控えめ。

ボディ フルボディ。豊かな甘みにどことなくスパイシーな味わい。ほんのりとした苦みとフルーティーな深い余韻が残る。

ベルギー産酵母を使い、オーク樽で6か月熟成させている。まるでバーボンのような、スモーキーで甘い香りの高アルコールビール。

〈主なラインナップ〉
・スパイラル・ジェディIPA
・インペリアルIPA

(DATA)
スモーク&オーク
スタイル ベルジャンスタイル・ストロングエール
（上面発酵）
原料 麦芽、ホップ
内容量 650㎖
度数 9.5%
生産 エピック醸造所

問 AQベボリューション

　ソルトレイクシティーに生まれたエピック醸造所は、同醸造所のアイコン的な「エクスポネンシャル」シリーズをはじめ、多くの種類のバラエティに富んだビールをつくり、ビール品評会においても数々の受賞をはたしている新進気鋭のブルワリー。
　エピックの自信作「エクスポネンシャル」シリーズのひとつ「スモーク&オーク」は、味わい深いじっくり楽しむためのスペシャルなビール。さくらのチップでスモークしたカラメルモルトには、ウイスキーと同様にピート（泥炭）で風味づけ。醸造にはベルギー酵母を使用し、熟成にはウイスキーさながらにオーク樽を用いて6か月間熟成させることで、深く複雑ながら、まろやかな味わいと香りをもつビールに仕上げている。

アメリカ

品格のある味わい深い大人のアメリカンラガー
Boston Beer
ボストンビア
サミュエルアダムス・ボストンラガー

アロマ ● 花やシトラスのような香り、パインのような香りが残る。
香り
フレーバー ● カラメルモルトのやわらかな甘い香り。

外観 深みのある琥珀色、やわらかな泡。

ボディ ミディアム。細かな炭酸とほのかな甘み、上品な苦みでなめらかなのどごし。

LABEL
落ち着いたブルーに、ブランド名となっている偉人「サミュエル・アダムス」の肖像が描かれている。

品格を感じるしっかりとした味わいで、飲みごたえを感じるラガービール。

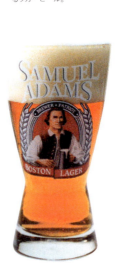

(DATA)
サミュエルアダムス・ボストンラガー
スタイル アンバーラガー
(下面発酵)
原料 麦芽、ホップ
内容量 355㎖
度数 4.8%
生産 ボストンビール社

問 日本ビール

　サミュエル・アダムスとは2代目大統領の又従兄弟で、独立戦争やボストン茶会事件で活躍した人物。実は醸造家でもあったことから、1984年、ジム・クックがブルワリーを創業した際に看板ビールの名前に使用したとか。ビール醸造家の息子として生まれたジムが、一度廃業した父から1870年代に製造していたビールレシピをもらい、醸造を始めたのが「サミュエルアダムス・ボストンラガー」。アメリカで主流となっていたライトラガーとはひと味違った飲みごたえで人気に火がつき、「アメリカ人がもっとも飲みたいビール」として不動の地位をつかむ。

　厳選されたホップと二条麦芽、湧き水からつくられ長期熟成されているこのビール。まるでエールビールのようなまろやかなのどごしとフルーティーな香り、モルトの甘み、ホップの苦みも上品でコクがある。まさにプレミアムラガーにふさわしい逸品だ。

典型的アメリカンIPAの味と香りのデイリービア

Lagunitas
ラグニタス
IPA

U.S.A.

アロマ ● シトラス、グレープフルーツ、松とトースティーなモルトの香り。
香り
フレーバー ● さわやかなシトラスホップの香りとオレンジのような甘み。

外観
オレンジからカッパー色（あかがね色）。クリーミーな泡立ち。

ボディ
ライトボディ。瑞々しい柑橘系のホップの香りと苦みに、こうばしいモルトとのバランスがよくなめらか。

LABEL
白地に黒のステンシルを使ったようなIPAの大きな文字が印象に残る。

ウエストコーストのIPAを代表するといっていい、バランスがよく飲みやすいビール。さわやかな味わいはカリフォルニアに吹く風のよう。

〈主なラインナップ〉
・リトル・サンピンサンピン
・マキシマス IPA

(DATA)

IPA
スタイル アメリカンスタイル・IPA
　　　　（上面発酵）
原料　麦芽、ホップ
内容量　355㎖
度数　6.2%
生産　ラグニタス醸造所

輸 ナガノトレーディング

　サンフランシスコの北、ワインで有名なナパバレーのすぐ隣にあるラグニタス醸造所は、カリフォルニア州ラグニタスにて、1993年、創業者トニー・マギーによって設立。いまや南のストーン醸造所と並んで、カリフォルニアを代表するクラフトビールメーカーにまで急成長。おちゃめな犬がシンボルマークとなっている。
　昔のアメリカンラガーのイメージを払拭すべくつくられた「IPA」は、IPA（インディアペールエール）ならではのしっかりとしたホップの苦みとモルトの甘みを追求した看板商品である。絶妙なバランスが人気を呼んだこのビールは、松やにを思わせるモルトに、あくまでもさわやかなグレープフルーツのような香りと苦みが口いっぱいに広がる。すっきりと飲みやすく、ドライなのどごしでヘルシーなカリフォルニア料理にぴったりのビール。

115

アメリカ

ラベルからは想像できないフルーティーさ
Rogue Ales
ローグエールズ
デッド・ガイ・エール

香り
アロマ ● カラメルのような甘い香り。
フレーバー ● こうばしく、甘いモルトの香りと、フルーティーでまろやかな苦みがある。

外観
オレンジがかった銅色。

ボディ
ミディアム。モルトの風味が豊かで口当たりがよく、バランスのとれた後味。

LABEL
樽の上にすわった骸骨の奇妙なイラストとまわりのレインボーカラーが印象的。

フルーティーかつ香ばしい香りと、すっきりした口当たり。

〈主なラインナップ〉
・ブルタルIPA
・ヘーゼルナッツブラウンエール

DATA
デッド・ガイ・エール
スタイル マイボック（上面発酵）
原料 麦芽、ホップ
内容量 355㎖
度数 6.5%
生産 ローグ醸造所

問 えぞ麦酒

　アメリカ西海岸のオレゴン州で創業した醸造所、ローグエールズ。「デッド・ガイ・エール」のほか、「ヘーゼルナッツブラウンエール」なども有名。
　ビールのネーミングは、1990年初めにポートランドの「Casa UBetcha」で行われたマヤ暦の死者の日（11月1日の万聖節）のお祝い用としてつくられたため。死者の日のお祝い用ということもあって、樽の上に骸骨がすわっているという奇妙なラベルも特徴的。
　ブルワリーが独自に培養した「パックマン」イースト（上面発酵酵母）とアメリカ北西海岸の地下水を使用し、ドイツのマイボックスタイルでつくられたローグエールズの王道ビール。パンチのあるラベルからイメージする味わいとは異なり、豊かなモルトの風味と、甘みと苦みのバランスのよいマイルドな味わいが口の中に広がる。

スカを聴きながら飲みたいファンキー・エール
SKA Brewing
スカブリューイング
モダス ホッペランディ IPA

U.S.A.

LABEL
ファンキーなギャング
スタイルの個性的な
キャラクターがイカし
たデザイン。

アロマ ● 柑橘系のホップの強い香りとほのかな甘い香り。
フレーバー ● 甘酸っぱい柑橘系のホップの香りと後味にさわやかな苦みがある。

赤みがかった銅色。オレンジがかった白い泡。

ミディアム。グレープフルーツのような苦みとパイナップルのような甘さをもつ。

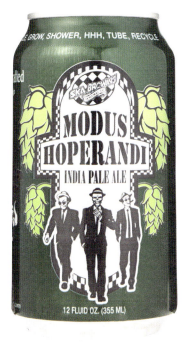

柑橘系の風味と味わい
がさっぱりと口の中を爽
やかにしてくれる。

〈主なラインナップ〉
・スペシャル ESB
・トゥルー ブロンドエール
・スティール トースタウト

DATA
モダス ホッペランディ IPA
スタイル アメリカンスタイル・IPA
（上面発酵）
原料 麦芽、ホップ
内容量 355㎖
度数 6.8%
生産 スカ醸造所

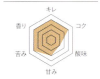

画 えそ麦酒

デイブ・ディボドゥー氏とビル・グラハム氏が少年時代から描いていた夢を叶え、コロラド州デュランゴで1995年に創業した醸造所、スカブリューイング。醸造所の名称は、創業者のふたりがビールと同じくらい愛するスカ音楽から。スカ音楽とビールを融合させた、一風変わったテイストが持ち味。そのテイストは、ギャングスタイルのキャラクターが躍り出るファンキーなラベルからも感じ取れる。

ファンキーなラベルのイメージとは異なり、昔ながらのビターエール。さわやかな苦みのなかに、グレープフルーツやパイナップルのような柑橘系のやさしい甘さを感じ、その甘さが口のなかにやさしく広がる。

スパイシーな料理や燻製肉などの料理にあわせるほか、意外にもチーズケーキなどのデザートによく合う。

アメリカ

華やかな香りのエレガントなピルスナー
Victory Brewing
ビクトリーブリューイング
プリマピルス

LABEL
さわやかなグリーンのラベルに、大きくホップのイラストを配置。強いホップ感を感じさせるデザインとなっている。

ヨーロピアンホップスとジャーマンモルトを使用。クリスプでドライフィニッシュ、伝統と革新が融合したホッピーなジャーマンスタイルピルスナー。Prima!(最高の、第一に)飲みたい一杯です。

香り
アロマ ● レモンの皮やほんのりとスパイシーな香り。
フレーバー ● しっかりとしたホップの香りと苦み。

外観
透き通った黄金色。

ボディ
ライトボディ。ホップがよくきいて苦みが強く残る。

〈主なラインナップ〉
・ゴールデンモンキー
・ホップデビルIPA

DATA
プリマピルス
スタイル ピルスナー(下面発酵)
原料 麦芽、ホップ
内容量 355ml
度数 5.3%
生産 ビクトリー醸造所

図 AQペボリューション

　ポップなネーミングとカラフルなラベルのキャラクターが強いビールを多数つくっているビクトリー醸造所。オーナー兼ブルーマスターであるビル・コヴァレスキとロン・バーシェットはビールの聖地ドイツで修業を行い、1996年にビクトリーブリューイングを設立。ヨーロッパの伝統と、アメリカらしい自由な創造力を兼ね備えたビールが醸造所の特徴となっている。

　このピルスナーは、軽めながらもホップの香りと苦みにこだわり、スッキリと洗練された味わい。アメリカのホームブルーワマガジン『Zymugy』に掲載されたベスト50のうち、ピルスナースタイルとして唯一掲載されたほか、ビール評価サイト「Ratebeer」で95ポイントを獲得するなど、ピルスナーの代表格ともいえる一本。

118　1. 世界のビールを知ろう

オレンジとともに味わう新感覚ビール
Blue Moon Brewing
ブルームーンブリューイング
ブルームーン

軽く爽快なアメリカンラガーのNo.1ブランド
Anheuser-Busch
アンハイザー・ブッシュ
バドワイザー

U.S.A.

LABEL
ブランドの象徴でもある青い月をあしらったロゴのクラフト感溢れるラベル。

LABEL
バドワイザーの定番カラー、赤、白、青の中でも赤を強調し、中央に大きく蝶ネクタイをあしらっている。

アロマ ● オレンジに似た香りと軽くスパイシーなモルトの香り。

フレーバー ● オレンジの皮のようなやわらかな苦みと小麦の甘み、ほんのりスパイシーな味わい。

外観 オレンジがかった薄茶色で、白濁している。

ボディ ミディアム。クリーミーな口当たりで、オレンジとコリアンダーの味わいが後をひく。

DATA
ブルームーン
スタイル
ホワイトエール（上面発酵）
原料
麦芽、ホップ、小麦、オーツ麦、コリアンダーシード、オレンジピール
内容量
355ml
度数
5.4%
生産
モルソン・クアーズ・ジャパン

輸 モルソン・クアーズ・ジャパン

アロマ ● わずかに香るレモンのようなホップの香り。

フレーバー ● ブナの木片がもたらす、トロピカルフルーツを思わせる甘い香り。

外観 明るい黄金色。やわらかな泡が盛り上がる。

ボディ ライトボディ。苦みが少なく、すっきりとした味わい。軽く爽快なのどごし。

DATA
バドワイザー
スタイル
ピルスナー（下面発酵）
原料
麦芽、ホップ、米
内容量
350ml
度数
5.0%
生産
アンハイザー・ブッシュ・インベブ社

輸 キリンビール

　伝統的なベルギースタイルにとらわれないレシピでつくられたホワイトビール。アメリカ産バレンシアオレンジピールを使用し、オーツ麦と小麦を使用して実現したクリーミーな口当たりが特徴でやさしくフレッシュな味わい。オレンジスライスを添えて楽しむのがおすすめ。

　今や大企業になったアンハイザー・ブッシュ・インベブ社。1876年ミズーリ州セントルイスで誕生し、世界初の冷蔵技術でラガービールを生産した。「バドワイザー」はアメリカンラガーの代表ブランドである。ビーチウッドを二次発酵に用いて熟成させたビールは、ほんのり甘くさわやか。

119

メキシコ

ライムと合わせて。ラッパ飲みが本場流

Cerveceria Modelo, S. de R. L. de C.V.

セルベセリア・モデロ
コロナ・エキストラ

LABEL
お馴染みのツートンカラー。ロゴの書体が古めかしく、レトロなイメージ。

80年代以降、日本でもライムを入れて飲むスタイルが広く認識されている。メキシコ料理を始めとするスパイシーな料理との相性は抜群。夏やビーチが似合うビール。

アロマ ● 通常はあまりしない。ライムを足すことで個性のあるアロマに。
香り

フレーバー ● 副原料であるコーンのフレーバーを感じ取れる。雑味はない。

淡いゴールド。泡はあまり立たないのが特徴。
外観

ライトボディ。軽くてスムーズな飲み心地がこのビールの真骨頂。
ボディ

〈主なラインナップ〉
・コロニータ・エキストラ

DATA
コロナ・エキストラ
スタイル ライトラガー
（下面発酵）
原料 麦芽、ホップ、コーン、酸化防止剤（アスコルビン酸）
内容量 355㎖
度数 4.5％
生産 モデロ社

問 アンハイザー・ブッシュ・インベブ・ジャパン

　日本ではバブル期以降、メキシコ生まれの「コロナ」がオシャレな海外ビールとして人気を博した。当時、「ライムがなければ、コロナは飲むな」というキャッチコピーが使用されたほど、「コロナ」とライムは切り離せない組み合わせとして情報発信されていた。
　ライムを添える習慣は透明なびんであることと関係する。ビールは光を受けると変質し、日光臭と呼ばれるオフフレーバーを生む。それを防ぐために多くのビールで茶色いびんが採用されているのだが、

「コロナ」は透明なため日光臭がつきやすい。そのため、メキシコ特産のライムを入れて飲み始めたといわれている。ただし、本国メキシコでは日光臭も含めてビールだ、という価値観もある。製造開始以来、「コロナ」は「今この瞬間を大切に生きる」という哲学を掲げ続けている。
　本来、ビールはグラスに注ぐのが正解だが、「コロナ」のびんに限っては「ライムを入れてラッパ飲み」もありといえる。

メキシコ生まれのダークビール
Cerveceria Modelo, S. de R. L. de C.V.

セルベセリア・モデロ
ネグラモデロ

Mexico

アロマ ● ローストト麦芽の香り。また、フルーティーな香りも同居している。
フレーバー ● 麦芽とホップのフレーバーが去った後、フレッシュな余韻が残る。

濃い褐色。ダークビールという言葉の印象よりは明るめ。

ライトボディ。色が濃いので重いと思われがちだが、ライトでキレがある。

LABEL
大麦をあしらった、ゴールドで高級感のあるラベル。特別な食事のテーブルにも映えるデザイン。

ローストされた麦芽のキャラクターが存在感を放つウィンナーラガー。見ためとは裏腹に飲み口はあっさり。コロナ・エキストラ同様、少しライムを入れてもおいしい。

〈主なラインナップ〉
・モデロ・エスペシャル

DATA
ネグラモデロ
スタイル ウィンナースタイル・ラガー（下面発酵）
原料 麦芽、ホップ、米、酸化防止剤（アスコルビン酸）
内容量 355㎖
度数 5.5％
生産 モデロ社

問 アンハイザー・ブッシュ・インベブ・ジャパン

　コロナをつくるメキシコのビール最大手モデロ社が、オーストリアで生まれたウィンナースタイルを手本に醸造したのが「ネグラモデロ」。
　モデロ社は1922年に創設され、1925年に「コロナ」を、1930年からは「ネグラモデロ」を発売。メキシコでは50％を超える市場シェアを誇るビール会社である。2012年にアンハイザー・ブッシュ・インベブが買収することで合意し、2008年のアンハイザー・ブッシュ買収に続く、史上二番目の大規模な買収だと話題となった。
　世界のビール市場の荒波に揉まれるモデロ社だが、1930年から80年近く醸し続ける「ネグラモデロ」の豊かな味わいは変わらない。ウィンナースタイルはウィーンのアントン・ドレハー氏らによって、冷蔵技術と下面発酵を駆使してつくられた。20世紀に入り、オーストリア帝国が崩壊して本国では廃れてしまったが、メキシコで生まれた「ネグラモデロ」は伝統を絶やさず守り続けている。

アジア

ASIA

亜熱帯気候を潤す
ピルスナーの隆盛

すっきりした味わいのラガーが多いアジア各国のビール。とりわけ東南アジア諸国では、スパイスを多用する料理との相性も抜群です。しかし近年では、ビアスタイルもバラエティが広がりつつあります。

スリランカ
SRI LANKA

よく知られる銘柄「ライオン」。どっしりした味わいのスタウトですが、ピルスナーもモルトの風味も豊かでしっかりめ。香辛料の多いスリランカ料理に負けない個性があります。

インドネシア
INDONESIA

照りつける太陽のもと手が伸びるのを見計らってか、大手ビールメーカー数社がつくるのはピルスナーが主流。近年は、スタウトやエールをつくるマイクロブルワリーも出現しています。

アジア分布地図

フィリピン
PHILIPPINES

ピルスナータイプのほか、厳選した麦芽やホップのプレミアムビールが複数のメーカーから発売されています。ほかにもダークラガーや、アルコール度数の高いストロングアイスなども。

ベトナム
VIETNAM

年間408万kLを生産する東南アジア1位のビール市場（2016年）、ベトナム。ピルスナーが主流で、都市都市にちなんだビールがあります。水代わりの廉価ビール「ビアホイ」もよく飲まれています。

台湾
TAIWAN

2002年1月まで台湾のビール製造は専売制で、ピルスナーのみ。しかし現在、マンゴーやパイナップルなどをブレンドしたフルーツビールが登場。マイクロブルワリーの設立も盛んです。

中国
CHINA

中国は、世界第1位のビール生産大国。ビアスタイルはピルスナーが主流です。ビール産業は、大手3社のほか小規模ブルワリーがひしめきあい、その数400社以上にのぼります。

タイ
THAILAND

年間平均気温が30℃を超えるタイでは、市場にあるビールのほとんどがピルスナー。タイを代表する二大メーカーでは、女性やライト層をターゲットにしたピルスナーも売られています。

シンガポール
SINGAPORE

「常夏の国」だけにライトなラガーは一番人気。さらに、コクのあるプレミアムビールやヨーロピアンスタイルなど、アルコール度数も4.5〜11.8%と、幅広く揃っています。

アジア

STYLE
ヨーロッパから植民地へもたらされたビール

　ヨーロッパで生まれたビールがアジアに登場したのは、ヨーロッパ各国によるアジア地域の植民地化が深く関係しています。1760年代にはイギリスのインド支配が本格化、渡印するイギリス人のために、麦芽濃度とアルコール度数、ホップ投入量を増やした「IPA」がもちこまれました。1800年代後半にはイギリスより「ギネス」などのスタウトがセイロン（スリランカ）へ輸出され、現地に「ライオンブルワリー」も設立されます。

　アヘン戦争を契機に、欧州各国は中国へ進出。20世紀に入ると、駐在する欧州人のためにビール醸造所が数多く建てられました。ビールの醸造所がすべて国有化された第二次世界大戦後、一般人にもビールは身近な存在になります。

　東南アジアの各国も植民地支配国の影響を受け、ビール文化が発展します。インドネシアはオランダ、フィリピンはスペイン、ベトナムはフランスといった具合です。台湾では日本人がつくったビール工場が、現在もっとも流通しているビールの礎となりました。

　19世紀後半〜20世紀に入ったころ、ビール界に大きな動きがありました。それまで欧州で主流だった上面発酵（エール）に代わり、下面発酵（ラガー）のビールが登場したのです。冷蔵技術の向上と流通の発展で、ラガーが世界中で愛飲されるようになりました。主にピルスナーを売りにするワールドワイドな大手ビールメーカーが資本を投資、各国に工場を設立したのもラガー隆盛に拍車をかけます。さらにスッキリ飲めるピルスナーは、亜熱帯気候に属する南アジアの風土や食文化と抜群に相性がよかったのです。

COLUMN

アジアで楽しむ地ビールの未来

　ヨーロッパの歴史を受けついだアジアのビール文化は、まだ歴史も浅く独自のスタイルをもっていません。しかし近年、日本と同じようにアジア各国でもマイクロブルワリーが続々誕生しています。中国やベトナム、台湾、インドネシアでもクラフトビールにお目にかかれるでしょう。アジア発のビアスタイルも、そう遠くない未来に生み出されるかもしれませんね。

🇨🇳 中国

中国ビールの代表的銘柄

Tsingtao
青島ビール
（チンタオ）

LABEL
孔子の故郷である中国山東省の港湾都市・青島市。ラベルには旧市街に位置する青島湾の桟橋が描かれている。

ホップと麦芽の香りがほどよく調和している。口当たりがやわらかで、さわやかな苦みが口中に広がり飲みやすい。

 アロマ ● ほんのり甘く、コーンのような香り。
香り
 フレーバー ● かすかにナッツのコクを感じる。

外観　淡い黄金色。きめが細かく、やわらかい泡が立つ。

ボディ　ミディアム。ほどよいモルトの甘みがのど通りもよく、スムーズに飲める。さっぱりしていてクセがない。炭酸はやや弱め。

〈主なラインナップ〉
・プレミアム
・スタウト

(DATA)
青島ビール
スタイル　アメリカンラガー
　　　　　（下面発酵）
原料　大麦麦芽、ホップ、米
内容量　330㎖
度数　4.7%
生産　青島啤酒股份有限公司

㈱ 池光エンタープライズ

　青島ビールは、世界50か国以上で販売されているグローバルなビールブランド。
　中国東部の山東省にある青島は、1898年よりドイツの租借地となり、租借地経営の一環としてビール生産が行われた。1903年、ドイツの投資家がビール製造の開始を期して「ゲルマンビール会社青島株式会社」をおこす。当時は、設備も原材料もドイツから直輸入し、ピルスナーと黒ビールを生産していた。1906年にはミュンヘンの博覧会に出品され、金メダルを獲得している。
　第一次世界大戦後の1916年、「大日本麦酒株式会社」が工場を買収、その後30年間にわたって朝日、ヱビス、サッポロなどのビールが生産された。1945年の日本敗戦により、青島ビールの経営権は中国側に完全に接収、国営企業に。1993年には民営化されている。

アジア

🇸🇬 シンガポール

60か国以上に輸出される知名度の高いビール

Tiger
タイガー

ラガービール

LABEL
ブランド名の由来となったトラの姿が勇ましく描かれている。メタリックなブルーとオレンジの鮮やかなコントラストが特徴的。

のどの渇きを癒す、さわやかなラガー。ホップの苦みや香りとモルトの甘みがバランスよくまとめられ、世界でも評価が高い。

アロマ ● ほんのりと柑橘系のさわやかな香りがある。

香り

フレーバー ● 微量なモルト感を残す。ホップのさわやかでフルーティーな香りとともに、モルト由来のパンのようなフレーバーも。

外観 淡い黄金色。泡はきめ細やかで、炭酸は弱め。

ボディ 苦みのインパクトは強すぎず、後味としてアルコール香とともに余韻を楽しめる。

DATA

タイガーラガービール
スタイル ラガー（下面発酵）
原料 大麦麦芽、ホップ、コーン
内容量 330ml
度数 5.0%
生産 ハイネケン・アジア・パシフィック

問 日本ビール

　シンガポール国内外で広く愛される銘柄。オーストラリア産のモルト、ドイツ産のホップにオランダ産の酵母、6回フィルターにかけたシンガポールの浄水を使用。地元では、「What time is it?」の問いに対し「Tiger Time!」と答えるCMで親しまれる。
　1930年、オランダのハイネケン社がシンガポール大手企業のF&N社と合弁会社設立する合意を取りつける。前者がビール醸造技術を、後者は生産工場の提供や販売ルートを担当し、マラヤン・ブリュワリーズ社が誕生した。
　1990年、社名をアジア・パシフィック・ブリュワリーズ社に変更。アジア全域に醸造所を構え、60か国以上に出荷を開始した。

🇹🇭 タイ

タイで最古・最大のビール会社がつくる獅子のビール

Singha

シンハー
ラガー・ビール

LABEL
古代神話に登場するタイの獅子「シンハー」と、大麦、ホップをラベルにあしらっている。

 香り
- **アロマ** ● かすかに酸を帯びたホップの香り。
- **フレーバー** ● モルトとホップの香りがバランスよく鼻に抜ける。

外観
淡い黄金色。泡立ちと泡もちがよく、細やかな泡が液面を覆う。

ボディ
口に含むとほのかな甘みと苦みが広がる、さわやかな口当たり。時間を置くとホップの香りがより際立ち、甘みが強くなる。

すっきりとしたシャープな味わい。ナンプラーとスパイスがきいた、甘辛いタイ料理との相性が抜群によい。

DATA
シンハー・ラガー・ビール
- スタイル　ピルスナー（下面発酵）
- 原料　麦芽、ホップ、糖類
- 内容量　330mℓ
- 度数　5.0%
- 生産　シンハーコーポレーション

問 池光エンタープライズ

　1933年、ドイツとの技術提携によりつくられた、タイ初の純タイ国産ビール。従って、ジャーマンピルスナーの醸造法を踏襲している。
　「シンハー」とは、サンスクリットで「獅子」の意味。古代の神話に登場する。ボトルネックのラベルに描かれているのは、タイ王国を象徴する神鳥「ガルーダ」。「BY ROYAL PERMISSION」の文字とともに、タイ王室お墨つきの高い品質を誇るビールブランドであることを表している。
　タイ全域に3つの醸造所と6つの工場を持ち、世界50か国以上に輸出されている国際的ブランド。キャッチコピーは「ビア・シン、ビア・タイ（獅子のビール、タイのビール）」。4月8日は、日本記念日協会が認定した「シンハービールの日」となっている。

アジア

🇱🇰 スリランカ

ビアハンター、ジャクソン氏も絶賛

Lion
ライオン
スタウト

LABEL
表には雄ライオン、裏には「ライオン・スタウト」を愛したビアハンター、マイケル・ジャクソン氏の写真。

ココナッツの風味豊かなカレーとマッチする味わい。現地ではココナッツからつくられた蒸留酒をブレンドして飲むことも。

香り
- アロマ ● チョコレートとカラメルの香り。
- フレーバー ● チョコレートのふんわりした甘みに、シナモンのようなスパイス感が広がる。

外観 ● 黒に近いダークブラウン。泡立ちと泡もちは極めてよい。

ボディ ● ミディアム。クリーミーな液体。マイルドな口当たりとともにモルトとカラメルの甘み、酸味が口一杯に広がる。フィニッシュにアルコール感があり、苦みと渋みの余韻が味わえる。

〈主なラインナップ〉
・ラガー
・インペリアル

DATA

ライオン・スタウト
スタイル	ストロングスタウト（上面発酵）
原料	麦芽、ホップ、糖類、カラメル
内容量	330㎖
度数	8.8%
生産	ライオン・ブルワリー社

問 池光エンタープライズ

　1881年に創業したライオン・ブルワリー（旧セイロン・ブルワリー）は、アジア最古（日本を除く）の醸造所。旧セイロンを植民地としていたイギリスの醸造技術を基にしている。紅茶の産地として有名な、標高1800メートルにあるヌワラエリヤの湧き水を使用。

　「ライオン・スタウト」は、世界中のビールを求め、クラフトビールの品質向上に多大なる貢献をしたビアハンター、故マイケル・ジャクソン氏をして、「まるで上質のリキュールのような上品な甘さと、そのほのかな甘い香りの後から感じられるどっしり濃厚な味わいは、他の追随を許さない」と言わしめた逸品。

　モンドセレクションで金賞を6回受賞するなど世界的評価は高く、2014年、優秀品質最高金賞受賞。1988年には、ベルギーのビールコンクールでも金賞を獲得している。

🇮🇩 インドネシア

「星」の名を冠するインドネシア代表

Bintang
ビンタン

香り
アロマ ● ほのかな甘みとアルコール香。
フレーバー ● アルコール香とホップの香りが余韻を残す。

外観
淡い黄金色。

ボディ
すっきりした飲み口で、酸味の存在感が苦みに勝る。炭酸やモルト感は弱め。後味にはやわらかな苦みが続く。

LABEL
「ビンタン」はインドネシア語で「星」の意味。ラベルに赤い一つ星があしらわれている。

やわらかな苦みとほのかな甘みをもち、スッキリとした飲み口。モンドセレクションで、4年連続金賞を受賞している。

DATA
ビンタン
スタイル ピルスナー
　　　　（下面発酵）
原料 麦芽、ホップ、糖類
内容量 330㎖
度数 4.8%
生産 PTマルチ・ビンタン社

問 池光エンタープライズ

　「ビンタンビール」は、インドネシアでのシェア70%を超える、同国を代表するビール。
　製造元はPTマルチ・ビンタン社。かつてオランダの植民地であったインドネシアでは、1929年からオランダのハイネケン社がハイネケンビールの販売を始めたが、1967年に政府公社との合併により同社が誕生した。そのため、現在もハイネケングループに属する。

　「ビンタン」はインドネシア語で「星」の意味。モンドセレクション以外でも、2011年には世界最古の国際ビール品評会である「ブルーイング・インダストリー・インターナショナル・アワーズ（BIIA）」において金賞を受賞するなど、国際的にも優れたピルスナービールであると評価されている。インドネシアの気候によく合う辛口でキレのよい味わいは、サーファーなどにも人気。

アジア

🇵🇭 フィリピン

地元に愛される多種多様なラインナップ
San Miguel
サンミゲール
スタイニー

香り
アロマ ● 甘い香りと、ほのかにホップの香り。
フレーバー ● 淡くライトな液体。わずかな酸味を感じる。

外観
ライトテイストな黄金色。炭酸が強く、大きな泡が立ち上る。

ボディ
ビールを口に含むとほのかな甘みが口全体に広がる。すっきりして飲みやすいなかに、甘み、酸味、苦みのバランスのよさが光る。

LABEL
現地ではびんを水につけて冷やすため、ラベルを直接びんにプリントしている。

軽快で口当たりがなめらかな辛口タイプ。甘い香りとピリッとしまったのどごしのよさが特徴。

〈主なラインナップ〉
・ダーク
・プレミアムオールモルト
・レッドホース
・アップルフレーバー

DATA

サンミゲール・スタイニー
スタイル　ピルスナー
　　　　（下面発酵）
原料　麦芽、ホップ、穀類
内容量　320㎖
度数　5.0%
生産　サンミゲール社

問 日本ビール

　設立は1890年。清涼飲料、洋酒、食料品を扱う食品会社としてスタート。1914年から上海、香港、グアムに輸出し、1948年には香港に醸造所を設立。東南アジア初のびん詰めビール生産のベストセラー醸造所となった。香港に醸造所があるため、同ビールを香港のビールと認識している人も多い。
　現在もフィリピンのビールマーケットにおいて約90%のシェアを占めており、サンミゲールビール商品の輸出国は60か国以上にのぼる。「サンミゲール」の名称は、スペイン語で「聖ミカエル」に由来する。これは、1500年代から1800年代終わりまでフィリピンがスペインの植民地だったことによる。「サンミゲール・スタビー」とも呼ばれ、320㎖容量のほか、1000㎖ボトルも生産されている。

🇹🇼 台湾

日本人が興した
台湾最大のビールブランド

Taiwan Beer
台湾ビール
金牌

LABEL
世界のビール評議会で金メダルを5回受賞。メダルのデザインをラベルにあしらっている。

アロマ ● 華やかなホップの香り。蓬莱米による独特な芳香がある。
フレーバー ● 甘く、かすかにモルトの香りが鼻に残る。

明るいオレンジ色。炭酸は弱めだが、豊かな泡をもつ。

ライトボディ。苦みはそれほど強くなく、キレのよいクリアな味わい。

DATA
台湾ビール 金牌
スタイル
ピルスナー
（下面発酵）
原料
大麦、ホップ、蓬莱米
内容量
330ml
度数
5.0%
生産
台湾タバコ＆リカー

問 池光エンタープライズ

「何が一番新鮮？ 台湾ビールだ」をスローガンに掲げる台湾最大のビール・ブランド。もっとも評価が高い「金牌」は従来の蓬莱米に加え、ドイツ産高級ホップを使用し、より芳醇な香りに高めている。

前身となった高砂麦酒株式会社は、日本人実業家が1919年に設立した台湾初のビール工場。2002年に現在の台北ビール工場となった。

🇻🇳 ベトナム

国内シェアは最大。
ベトナム料理に最適のビール

Saigon
サイゴン
エクスポート

〈主なラインナップ〉
・サイゴン・スペシャル
・333（バーバーバー）

LABEL
輸入品の「エクスポート」は赤いラベル、現地で飲める同製品は緑のラベルを使用している。

アロマ ● 花のような甘くさわやかな香り。
フレーバー ● ほのかなアルコール香とモルト香がある。

透明に近い琥珀色。泡立ちのよいきめ細かな泡。

口に含むと酸味を感じる。口当たりはさっぱりと軽やかなドライ。

DATA
サイゴン・エクスポート
スタイル
ピルスナー
（下面発酵）
原料
麦芽、ホップ、米
内容量
335ml
度数
5.0%
生産
サイゴンビール・アルコール・ビバレッジ社

問 池光エンタープライズ

ベトナムでのシェア70％を誇る「サイゴン・ビール」は、ベトナム第2の都市・ホーチミンを代表するビール。

ベトナム初の国産ビールであり、地元では一般的に、ジョッキに大きめの氷を入れ、常温のビールを注いで飲んでいる。ただ、味が薄まるのであまりおすすめはしない。

明治から現在に
至るまで一貫した
国民に愛される
ビールづくり

日本
 JAPAN

キリン

明治からいままで一度も名前を変えていない唯一の老舗メーカー。ラガーのラベルも120年間変わらないなど、いまなお日本ビール界の顔として君臨している。

アサヒ

キリンとともに日本を代表するメーカーに急成長したアサヒ。スーパードライの発表を皮切りに、雑味を排したクリアなビールづくりに磨きをかけている。

日本のビールづくりは、明治の開国とほぼときを同じくして始まりました。初期のころは小規模な醸造所も登場しましたが、現在の大手につながる大規模なメーカーが中心となって市場が形成されていきます。政府の方針でビールに酒税がかけられるようになると、業界の再編が加速度的に進みました。第二次世界大戦後には戦前からの4社（キリン、アサヒ、サッポロ、サントリー）と、沖縄のオリオンビールの5社体制が確立。とくにキリンが国内シェアの6割強を占め、一強時代が長く続きます。

その状況に風穴を開けたのが、「アサヒスーパードライ」という画期的な開発でした。以後、アサヒは売り上げを拡大しキリンも「一番搾り」で対抗。サッポロ、サントリーも独自の路線で市場を開拓するなどシェア争いが流動的に。

現在、大手各社は厳選素材を使用したプレミアムビールから、消費者のニーズを捉えた糖質オフや、アルコール風飲料など、多彩なラインナップを発表。また近年ではピルスナーだけではない、さまざまなスタイルのビールも味わえるようになってきています。

主な大手ブランド

サッポロ

かつては東日本を中心に高いシェアを誇った。戦後はびん入りの黒ラベルで全国区に。新ジャンル市場を開拓するなど高い技術力に定評があるメーカー。

ヱビス

低価格がもて囃されがちな風潮があるなか、高級路線で差別化を図って成功したブランド。ビール好きを魅了するプレミアム市場を確立した功績は大きい。

サントリー

洋酒メーカーだったが戦後、ビール市場に本格参入した。長い間、苦戦が続いたが現在では2大メーカーに次ぐ規模に成長。さらなる躍進に期待がかかる。

オリオン

戦後、沖縄返還よりも前に醸造を始め、いまでは「沖縄＝オリオン」と誰もが思い浮かべるほど定着している。気候に合ったビールづくりが成功に結びついた。

|日本|

シェア6割を誇った進化する老舗メーカー
キリン
Kirin

LABEL
発売時、欧州のビールのラベルには動物が描かれることが多く、それにあやかり麒麟を採用した。

言わずと知れた伝統のビールだが2017年、一番搾り麦汁だけを使う"一番搾り製法"により麦本来のうまみをアップさせた。パッケージも一新し、「ビールの魅力化」をねらう。

メーカーを知るためのCOLUMN

「一番搾り」の二番搾りは存在するのか?

一般的なビールづくりでは、ろ過の工程で最初に出る一番搾りの麦汁と、渋みや苦みの元であるタンニン成分をより含む二番搾りの麦汁を混ぜる。では、最初の麦汁のみを使用する「一番搾り」の二番搾りはどんな味がし、どう使われているのだろうか。実は存在しない。贅沢に一回だけ搾ったら、糖分が残っていても、ろ過工程は終了。搾り終わった麦芽の殻皮は、家畜の飼料などに利用されている。

〈主なラインナップ〉
・クラシックラガー
・ラガービール
・ハートランド

（DATA）

キリン　一番搾り生
スタイル ピルスナー
　　　　 （下面発酵）
原料　麦芽、ホップ
内容量 500ml（中びん）
度数　5.0%
生産　キリンビール

　　　キレ
香り　　　コク
苦み　　　酸味
　　　甘み

　明治後期の1907年、ジャパン・ブルワリー・カンパニーを引き継いで誕生したキリンビール。お馴染みの麒麟のラベルが登場したのは前身時代の1889年。以来120年以上、ほとんど一貫して同じデザインを使用している。

　戦後、変わらない顔で再出発したキリンはナショナルブランドとして君臨。「キリンラガービール」を筆頭に、一時は6割を超えるシェアを獲得した。

　ところがアサヒの猛追が始まり、その危機感のなかで開発されたのが「一番搾り」だった。ろ過の工程で出る贅沢な麦汁だけを使用したビールを、プレミアム商品としてではなく通常価格で販売したことにより「一番搾り」は大ヒットを記録する。

　他には、発泡酒の「淡麗」シリーズ、新ジャンルの「のどごし生」、アルコール分0.00％でビールテイスト飲料の「キリン零ICHI」などのラインナップがある。

画期的なドライで頂点に上りつめた

アサヒ
Asahi

LABEL
いまでこそ当たり前となったメタリック基調のデザインは発売当初、消費者に鮮烈なインパクトを与えた。

アサヒ独自の酵母を使用。発酵能力が高く、あまり糖分を残さないため、雑味がないスッキリした味わいに仕上がる。日本発祥のドライビールを体現した銘柄。

メーカーを知るための COLUMN

スーパードライ以外にも日本初がたくさん！

現在は当たり前となっているビールの風景のなかには、アサヒが日本で初めて世に出したものが多い。缶入りのビールはアサヒが1958年に初めてリリースしている。1968年には酵母入りのビールを発売。また、ビールのギフト券もアサヒが初。画期的なスーパードライは、こうしたチャレンジの歴史と文化によって生まれている。

〈主なラインナップ〉
・スーパードライ ドライブラック

DATA
アサヒスーパードライ
スタイル　ピルスナー
　　　　　（下面発酵）
原料　麦芽、ホップ、米、コーン、スターチ
内容量　334ml（小びん）
度数　5.0％
生産　アサヒビール

Japan

　アサヒビールのルーツは、明治に設立された大阪麦酒にある。その後の合併により大日本麦酒となり、戦後は朝日麦酒と日本麦酒に二分割される。この戦後間もない時期、朝日麦酒は国内シェアのトップに立っていた。
　次にアサヒが国内シェアNo.1の座に返り咲いたのは、それから半世紀近くがすぎた1998年のこと。その最大の原動力となったのが、1987年に日本初の辛口生ビールとして発売された「スーパードライ」だった。

　スッキリとしたキレが持ち味で、どんな料理にも合わせやすい「スーパードライ」は、ビール業界に革命を起こすほどの空前のヒット商品となる。革新の手綱はゆるめられることなく、氷点下の「エクストラコールド」や「ドライブラック」などシリーズ商品を次々に発表。それぞれファンをつかんだ。
　現在は、雑味がなくクリアな味わいの新ジャンル「クリアアサヒ」も「スーパードライ」とともにアサヒの躍進を牽引している。

|日本|

北の大地で育まれた実力派メーカー
サッポロ
Sapporo

LABEL
前身の「サッポロびん生」時代の愛称"黒ラベル"が商品名になった珍しいケースである。

風味を劣化させる酵素をもたない、独自の麦芽を使用している黒ラベル。そのため、できたての生のひと口めのおいしさが持続するよう進化している。

メーカーを知るための COLUMN

「ドラフトワン」が開拓した新ジャンル

ビールとは酒税法上、麦芽使用率67％以上のものをいう。1994年、麦芽率を65％に抑えた発泡酒「ホップス」がサントリーから発売され、発泡酒市場が誕生した。サッポロが2003年に発売した「ドラフトワン」は原料が麦芽ではなかったため、第3のビールと呼ばれた。その後、発泡酒にスピリッツを混ぜたものも登場し、現在はその両系統をまとめて「新ジャンル」と呼ぶ。

〈主なラインナップ〉
・The 北海道（地域限定醸造）

DATA
サッポロ生ビール黒ラベル
スタイル ピルスナー
　　　　（下面発酵）
原料　麦芽、ホップ、米、コーン、スターチ
内容量　334ml（小びん）
度数　5.0%
生産　サッポロビール

　明治新政府が1869年に開拓使を設置し、北海道の開発に乗り出す。さまざまな事業が展開されたなかに、サッポロビールの前身である開拓使麦酒醸造所がそのひとつとして誕生する。北海道の冷涼な気候はビールづくりに向いていたからである。
　1877年には開拓使のシンボルである北極星をマークとした、「札幌ビール」を販売。その後、大倉喜八郎率いる大倉組商会に払い下げられ、官営ビール事業は民営化された。「恵比寿ビール」を販売していた日本麦酒醸造会社とは1906年に合同する。
　戦後、蓄積してきた技術力をもとに生ビールの味わいをそのままびん詰めする製法の開発に成功。これが、現在のフラッグシップ「黒ラベル」へとつながっている。
　新しさを提案するビールづくりの気風は、エンドウたんぱくという意表を突いた原料を使用した「ドラフトワン」や、新ジャンルながらコクのある「麦とホップ」でも遺憾なく発揮されている。

プレミアムビールの先駆けブランド
ヱビス

Yebisu

Japan

LABEL
ゴールドの色づかいと恵比寿様が縁起のよさと高級感を感じさせる。贅沢なビールにふさわしいラベル。

ドイツのビール純粋令に沿ってつくるヱビスは、北ドイツ生まれのドルトムンダースタイル。やさしい苦みと長期熟成による深いコクが堪能できる至高の一本。

ブランドを知るための COLUMN

ヱビスビールのすべてを知ることができる場所とは？

ヱビス生誕120年の記念日に当たる2010年2月25日にオープンした「ヱビスビール記念館」は、ヱビス通になれること間違いなしのスポット。同館のおすすめは、専門ガイドがヱビスの歴史や楽しみ方を案内する「ヱビスツアー」。館内には各種ヱビスを堪能できるテイスティングサロンも併設されている。

※入館は無料だが、ヱビスツアーおよびテイスティングサロンは有料。

〈主なラインナップ〉
・ヱビス マイスター
・ヱビス 華みやび
・ヱビス プレミアムブラック
・琥珀ヱビス

DATA

ヱビスビール
スタイル ドルトムンダー
　　　　　（下面発酵）
原料　　麦芽、ホップ
内容量　334mℓ（小びん）
度数　　5.0％
生産　　サッポロビール

"ちょっと贅沢なビール"として知られるヱビス。その始まりは明治時代までさかのぼる。サッポロビールの前身である日本麦酒醸造会社が設立され、「恵比寿ビール」を1890年に発売する。

恵比寿ビールは販売早々爽快な味わいが評判となり、人気を博す。その人気は偽ブランドが頻繁に現れるほどであった。また日本麦酒は1899年、ビールのうまさを世間に広めるために現在の東京・銀座に「恵比寿ビヤホール」を開業する。連日大入り満員の盛況であったという。

第二次世界大戦中、ビールが配給品となり、全ブランドが消滅したことで、恵比寿ブランドも一時消滅したが、1971年に復活。戦後初の麦芽100％のドイツタイプに仕上げた。以後、いまではジャンルとして確立されているプレミアムビールの先駆的ブランドとして、「ヱビス マイスター」「ヱビス 華みやび」「ヱビス プレミアムブラック」「琥珀ヱビス」などのシリーズを展開している。

|日本|

プレミアムビールの進化が続く
サントリー
Suntory

LABEL
リニューアルにあたり、2017年より高級感が感じられるデザインに。プレミアムビールづくりに対する自信を表現すべく、"THE PREMIUM"を堂々と表記。

良質な二条大麦に加え、希少な伝統種"ダイヤモンド麦芽"を使用し、"ダブルデコクション製法"を採用することで"深いコク"を実現。欧州産アロマホップを最適なタイミングで投入する"アロマリッチホッピング製法"を採用することで、華やかな香りを引き出す。

メーカーを知るための COLUMN

「ザ・プレミアム・モルツ」に見られるこだわりとは？

地下からくみ上げた良質な天然水で醸造することで、こだわりの素材本来の味わいを最大限に引き出す。また、飲む瞬間までの品質に徹底してこだわり抜くことで、珠玉の一杯を堪能することができる。

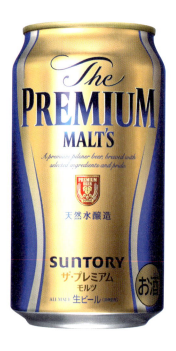

〈主なラインナップ〉
・ザ・プレミアム・モルツ〈香る〉エール
・〜ザ・プレミアム・モルツ〜マスターズドリーム

DATA
ザ・プレミアム・モルツ
スタイル ピルスナー（下面発酵）
原料 麦芽、ホップ
内容量 350ml（缶）
度数 5.5%
生産 サントリービール

創業は1899年、葡萄酒製造販売会社の鳥井商店である。1921年に株式会社壽屋を設立。1928年の「カスケードビール」の日英醸造の工場を買収し、1930年に「オラガビール」を発売した。しかし売上不振で1934年に撤退。

再度参入したのは、社名を「サントリー株式会社」に変更した1963年のこと。1968年、フィルターで酵母を除去した「純生」を発表し、酵母の有無と生ビールの定義が議論された。結果、「熱処理しないものが生ビール」という日本独自の新しい定義が生まれた。その後、同社はプレミアムビール路線で活路を見出し、「ザ・プレミアム・モルツ」でファンの心をつかんで売上を伸ばした。一方、新ジャンルでは、"旨味麦芽"使用の「金麦」が存在感を示している。

各商品を貫くのは徹底した水へのこだわり。コーポレートメッセージに「水と生きる」を掲げるサントリーは、商品に適した天然水を選び、その水が採れる地に工場を建設している。

沖縄に根づく唯一無二のブランド
オリオン
Orion

LABEL
沖縄の太陽、空、海を感じさせるシンプルなデザイン。季節・地域限定の各種デザイン缶も人気が高い。

のどごしのよさとマイルドな味わいが特徴。麦芽のうまみを感じつつも、さわやかな飲み口からくる爽快感を実現させた。

メーカーを知るための COLUMN

沖縄で飲むオリオンビールがおいしい理由とは？

ドイツには"ビアライゼ"という、「ビール紀行」といった意味をもつ単語がある。かつてオリオンは沖縄でしか飲むことができず、"ビアライゼ"する必要があった。現在は日本全国で楽しむことが可能。だが、オリオンはいまなお現地で飲みたい一杯。さわやかなのどごしと新鮮さ。この魅力は南国の気候のなかでこそ発揮され、ビールと生まれた地は切り離せない関係にあると気づかせてくれる。

〈主なラインナップ〉
・オリオンいちばん桜

DATA
オリオンドラフトビール
スタイル　ピルスナー
　　　　　（下面発酵）
原料　麦芽、ホップ、米、コーン、スターチ
内容量　500ml（中びん）
度数　5.0%
生産　オリオンビール

　沖縄の定番、オリオンビールが発売されたのは本土復帰前の1959年のこと。みそやしょう油の醸造技術をもとに、県内でもっとも水の硬度が低かった県北部の名護でビールづくりが始まった。
　発売当初は、どちらかといえばコク重視のドイツ風の味わいだった。当時はほかの大手ビールの勢いが強く、沖縄県内でもシェアはわずかと苦戦していた。現在のように沖縄県内でトップのシェアを誇るようになったのは、気候に合わせてゴクゴク飲めるアメリカンタイプのライトな味わいにリニューアルしてから。この味わいの転換と地元産学保護のための特別税制とが相まって、オリオンビールは沖縄県を代表するブランドに成長する。
　2002年にアサヒビールと提携関係を結んだ後は、「ドラフトビール」のほかにホップの香りが印象的な「いちばん桜」や「夏いちばん」、糖質ゼロの「ゼロライフ」や、すっきり爽快な味わいの「サザンスター」などのラインナップを揃えている。

| 日本

日本の地ビール
THE JAPANESE CRAFT BEER

お土産の"地ビール"から
味を追求した
"クラフトビール"へ

戦後日本のビールづくりは大手メーカーの独占状態にありました。小規模な醸造が認められるようになったのは、平成に入った1994年のこと。当時、流行語にもなった「規制緩和」がビール業界にもおよび、最低製造量が2000kℓから60kℓへと大幅に引き下げられたのです。

以後、全国各地で競うように小規模な醸造所が誕生し、「地酒」のネーミングにあやかって「地ビール」と名づけられ大ブームに。地方のお土産の新定番として人気を博しました。ところが、質が伴わないブルワリーも少なからずあり、ま

140　1. 世界のビールを知ろう

た大手メーカーのように大量生産できないことから値段も割高。それゆえ「地ビール＝マズくて高い」という認識が広まってしまうことに。もちろん、消費者がピルスナー以外のビアスタイルに慣れていなかったという側面もあります。

ブームが去り、多くの醸造所が廃業を余儀なくされるなか、地道にコツコツと本当においしいものをつくり続けてきたのが、現在も活躍中のブルワリーです。2000年代半ば以降、負のイメージをもつ人も多い「地ビール」から、職人がつくる工芸品を想起させる「クラフトビール」へと呼称も変わりつつあります。

そんな日本のクラフトビールは、苦境を乗りこえたブルワリーが多いことから品質には定評があり、海外のコンテストで数々の賞を受賞しています。歴史と伝統ある本場のブルワリーより高い評価を受けることも少なくありません。

最近、都内を中心に日本各地のクラフトビールが飲めるお店が次々に誕生しています。まだビア・バーなど専門店を中心としていますが、今後は普通の居酒屋や飲食店でも飲めるようになっていくことでしょう。

日本

「新潟から挑戦」がスローガンの名水ビール
スワンレイクビール（新潟県）
アンバースワンエール

LABEL
ビールの色に合わせた赤いラベルに、仕込み釜とホップのイラストを配置。2羽の白鳥がキュート。

米国産のホップを使用している。柑橘系の香りと苦みの余韻が心地よい。カラメルモルトを多く使っているため、カラメルの風味がするのも特徴。

アロマ ● ホップ由来の柑橘系の香りがするが、決して強すぎることはない。
フレーバー ● ホップの苦みはもちろん、カラメル麦芽の甘みとこうばしさも感じられる。

外観 赤みがかった茶色で紅茶の色に近い。きめ細かでクリーミーな泡がトップに。

ボディ ミディアム。苦みの余韻に浸りながらゆっくり味わえる。

〈主なラインナップ〉
・ポーター
・ゴールデンエール
・ホワイトスワンヴァイツエン

DATA
アンバースワンエール
スタイル　アメリカンアンバーエール（上面発酵）
原料　麦芽、ホップ
内容量　330ml
度数　5.0%
生産　瓢湖屋敷の杜ブルワリー

白鳥が訪れる湖、瓢湖（ひょうこ）にほど近い山麓にたたずむ五十嵐邸。広大な日本庭園を含む、5000坪におよぶ豪農の屋敷に開設された蔵でスワンレイクビールはつくられている。

自然豊かな地に誕生したこの醸造所は、新潟および日本にあることを強く意識し、新潟からビール文化を発信することを自らに課している。越後の名水にこだわったビールづくりをしており、地元産のこしひかりを使用したラガー「越乃米こしひかり仕込みビール」は大地の恵みがストレートに感じられる人気の一本。1998年のインターナショナルビールサミットで、「アンバースワンエール」と「ポーター」が金賞を受賞したのを皮切りに、国内外のさまざまな賞を獲得。いまなおこの2銘柄がスワンレイクの定番として支持を集めている。

2012年には、東京駅の八重洲口に直営パブ「Pub Edo」をオープン。新潟で採れる食材を使ったフードとビールの絶妙なペアリングも楽しめる。

デザイン性を高め、ビールの美しさを表現
コエドビール (埼玉県)
COEDO紅赤 -Beniaka-

Japan

 アロマ ● ドライフルーツのような甘い香り。ホップの香りはあまり感じない。
フレーバー ● こうばしい甘みが支配的で、まるで飲みやすいトラピストビールのよう。

 赤みがかった琥珀色が見る者を魅了。泡は少しくすんだ色をしている

ミディアム。キレも両立しているため、飲みやすさも備えている。

LABEL
「球花」(きゅうか)をあしらった洗練されたデザイン。ラベルに限らずすべてのツールでデザインが統一されている。

焼き芋にした川越産の金時芋を使用した、美しい色が印象的。ドライフルーツの香りはトラピストビールを思わせる。

〈主なラインナップ〉
・COEDO 伽羅 -Kyara-
・COEDO 瑠璃 -Ruri-
・COEDO 漆黒 -Shikkoku-

DATA
COEDO 紅赤 -Beniaka-
スタイル インペリアル・スイートポテト・アンバー (上面発酵)
原料 麦芽、ホップ、サツマイモ
内容量 333㎖
度数 7.0%
生産 協同商事コエドブルワリー

かつて江戸の台所として栄えた埼玉県川越市。趣深い蔵づくりの町並みで「小江戸」と呼ばれている。コエドブルワリーはこの地に創業当初、ドイツの職人を招いて指導を仰いだ。以後、ドイツのスタイルを中心としたビールに加え、地元で獲れたサツマイモやお茶を使用した独自のスタイル、季節限定の発泡酒など10を超える銘柄を揃えるようになった。

転機が訪れたのは2006年。ブランディングデザイナーとの二人三脚で、「Beer Beautiful」をコンセプトに「地ビール」から「クラフトビール」にメッセージを一新。ラインナップも現在の「伽羅」「瑠璃」「白」「漆黒」「紅赤」の5つに厳選し、デザインセンス溢れるパッケージへと生まれ変わった。

さらに、積極的に海外のビアコンペティションに出品し受賞、海外での評価も確かなものにしている。コエドの強みは、本場ドイツ仕込みの丁寧で研究熱心な醸造職人たち。ラインナップを絞った後も味の追求を続け、大胆なリニューアルも行っている。

新しいビールと楽しみ方を同時に提案
サンクトガーレン (神奈川県)
湘南ゴールド

LABEL
皮はレモンのように黄色で、中身はオレンジ。そんな湘南ゴールドの写真を配し大人な雰囲気に。

地元の神奈川県が12年かけて生んだオレンジ「湘南ゴールド」を、果汁だけではなく皮も実も丸ごと使用。新鮮な柑橘系の香りとさっぱりした苦みが特徴のフルーツビール。

アロマ ● 強烈なオレンジの香り。柑橘系のアロマが特徴のホップを使うなど徹底している。
フレーバー ● 果汁や果肉由来の瑞々しい風味の後に、皮由来の苦みが舌に残る。

名前の通り、少し濃い黄金色をしている。エールだが泡もちもかなりいい。

ライト〜ミディアム。軽快な飲み口でゴクゴク飲めるが、しっかりしたコクも同時に感じられる。

〈主なラインナップ〉
・ゴールデンエール
・YOKOHAMA XPA
・ブラウンポーター

DATA
湘南ゴールド
スタイル フルーツエール
（上面発酵）
原料 麦芽、ホップ、オレンジ
内容量 330ml
度数 5%
生産 サンクトガーレン

いま、多種多彩なクラフトビールが飲める状況をつくった立役者といってもいいサンクトガーレン。日本でまだ小規模の醸造が認められていなかった時代から、アメリカでビールをつくって日本に逆輸入をしていた。この様子が、日本の規制の象徴としてアメリカのメディアに取り上げられると、議論が巻き起こる。

しかし、1994年、その議論をきっかけに日本でも小規模の醸造が認められるように。帰国後、厚木に工場を構えたサンクトガーレンは、バレンタイン用のビール「インペリアルチョコレートスタウト」でブレイク。祝杯用の一升瓶のビールやボジョレー解禁に合わせてつくる麦のワインなど、飲まれるシーンを明確にしたビールづくりが持ち味となる。

フルーツビールの種類も豊富で、「湘南ゴールド」は2011年のワールドビアアワードでフレーバーエールのアジアベストに輝く。

甘いビールから苦みを追求したビールまで揃う、ラインナップの幅広さも大きな魅力。

真のクラフトマンシップがひかる
ベアードビール（静岡県）
スルガベイインペリアルIPA

 Japan

通常のIPAよりも、さらに多くのホップを使用するダブルIPAというスタイル。強い香りと苦みを持つ個性的な一本。締めくくりに飲むのがベター。

LABEL
駿河湾に打ち上がる花火がモチーフ。舌の上でホップが弾ける様子を表わしているかのよう。

 アロマ ● 2度にわたるドライホッピングの結果、強烈なホップ香を獲得している。
フレーバー ● 極めて強いホップの苦みをモルトの甘みが支えており、深みを感じる。

 濁った琥珀色はキャラクターに比べると控えめな印象。泡はそれほど強くない。

 ミディアム～フルボディ。飲みごたえは十分あり、深い満足感が得られる。

〈主なラインナップ〉
・ライジングサン ペールエール
・ウィートキングウィット
・沼津ラガー

DATA
スルガベイインペリアルIPA
スタイル インペリアル・IPA
（上面発酵）
原料 麦芽、麦、糖類、ホップ
内容量 330ml
度数 8.5%
生産 ベアードブルーイング

日本人の職人魂、クラフトマンシップに魅せられ来日したブライアン・ベアード氏が2000年、静岡県沼津市に設立したベアードブルーイング。

モットーは「Celebrating Beer」（ビールを祝福する）。ビールを祝福し楽しむことが人生を豊かにするという信念が貫かれている。伝統の醸造法に敬意を払いながらも、自由闊達なビールづくりが魅力。「ばかやろー！エール」「無礼講時間ストロングゴールデンエール」（いずれも限定醸造）などユニークなネーミングからも自由を感じられる。

そんな彼らが世界の注目を集めたのは、ワールドビアカップ2010の舞台。ひとつのブルワリーでなんと3つの金賞を獲得するという快挙を成し遂げた。

世界的にも評価の高いベアードのビールは、創業の地の沼津だけではなく、中目黒、原宿、高田馬場、横浜の馬車道にある直営店で飲むことができる。2014年6月に本社及びブルワリーを伊豆市・修善寺へ移転。

日本

繊細と大胆を高い次元で両立する
箕面ビール（大阪府）
ゆずホ和イト

LABEL
レギュラー銘柄のラベルとは一線を画す猿のイラスト。季節限定ならではの遊び心が感じられる。

地元で採れたユズとベルジャン酵母の邂逅。この繊細なビールの質の高さを疑う者はなく、2012年に開催されたワールドビアカップで見事、金賞を獲得している。

アロマ ● グラスに鼻を近づけると、ユズとコリアンダーの香りが控えめに漂う。
フレーバー ● ベルジャン酵母のアロマティックな香り、ユズの「和」の香りが漂う。

濁りのあるゴールド。極めてきめ細やかな泡が印象的。

ライト〜ミディアム。口当たりは非常にやわらかく、独特なコクがある。

〈主なラインナップ〉
・箕面ビール スタウト
・箕面ビール ダブルIPA
・箕面ビール ペールエール

DATA
箕面ビール ゆずホ和イト
スタイル フルーツエール（上面発酵）
原料 麦芽、ホップ、ユズピール、コリアンダー
内容量 330㎖
度数 5.0%
生産 エイ.ジェイ.アイ.ビア

ビール職人と聞くと男性を思い浮かべがちだが、箕面ビールは女性、しかも姉妹がその職を務めている。もともと酒販店を営んでいた3姉妹の父が、大阪でビールづくりに適した場所をと選んだのが北部にある緑豊かな箕面市だった。
女性醸造家ならではの細かな気配りが個性といえる。お腹が張ってしまわないよう、全体的に炭酸を抑えているのも一例。香りや風味など繊細な部分にとことんこだわっている。

「国産桃ヴァイツェン」や地元産のユズを使用した「ゆずホ和イト」のような女性的なビールもあれば、ホップをガツンときかせた男性的な「W‐IPA」も用意。「ゆず和ホワイト」は、ビールのオリンピックとよばれる世界最大のビールコンペティション「World Beer Cup 2012」にて金賞受賞。大阪市内に展開している直営店「BEER BELLY」では、こだわりのビールを最大限に堪能できるリアルエールを提供している。

毎晩飲めるクラフトビールの定番
ヤッホーブルーイング
(長野県)
よなよなエール

LABEL
ゆっくり味わって飲んで欲しい。そんなメッセージが感じられる、物語の一コマのようなイラスト。

〈主なラインナップ〉
・東京ブラック
・インドの青鬼
・水曜日のネコ

アロマ ● グレープフルーツを思わせるフルーティーな香り。アロマホップはカスケード。
フレーバー ● 少し強い苦みのあるフレーバー。モルト感もあり、甘苦く仕上がっている。

ペールエールらしい美しい琥珀色。泡は非常にクリーミーでもちもよい。

ミディアム。重すぎず、軽すぎず、絶妙な飲み口を実現。まろやかな味。

DATA
よなよなエール
スタイル
アメリカンスタイル・ペールエール
(上面発酵)
原料
麦芽、ホップ
内容量
350㎖
度数
5.5%
生産
ヤッホーブルーイング

　日本でもっとも有名なエールビール「よなよなエール」。柑橘系を思わせる香りをもつカスケードホップ由来の華やかな香りは、ドライ・ホッピングという技法によるもの。ホップの個性が強調されることが多いが、モルトの甘みも絶妙に両立。名前の通り、毎晩飲み続けられる一本となっている。

地ビールのおいしさを世に広めた存在
銀河高原ビール
(岩手県)
小麦のビール

LABEL
銀河高原といえば、星空の下のトナカイ。ロマンチックで世界観があり、眺めていて楽しい。

〈主なラインナップ〉
・ヴァイツェンビール
・ペールエール

アロマ ● 酵母由来のバナナのような香りが強い。小麦由来のパンのような香りもする。
フレーバー ● ヴァイツェンならではの心地よい酸味を感じる。まろやかな麦の味わいも。

ろ過されていない酵母の影響で、濁りのある黄金色が個性となっている。

ミディアム。コクはあるがスイスイ飲める飲み口が魅力。最初の一杯にもふさわしい。

DATA
小麦のビール
スタイル
ヘーフェヴァイツェン
(上面発酵)
原料
麦芽、ホップ
内容量
350㎖
度数
5.0%
生産
銀河高原ビール

　定番の「小麦のビール」は、日本人向けではなく、あえて本場ドイツ流の際立った個性をストレートに表現している。
　無ろ過で仕上げた自然志向の本格派ヴァイツェンは今までにないコクと甘みをもつビールとなり、結果、多くのファンを獲得した。

Japan

地図で見る日本の地ビール

東日本編

地ビール第一号のエチゴをはじめ、
黎明期からこだわりの醸造を続けてきた東日本のブルワリー。
個性豊かでおいしいビールを紹介します。

A 新潟
エチゴビール
レッドエール
（エチゴビール）

複数の麦芽を組み合わせることで実現した見事な緋色。アメリカ産ホップによるフルーティーなアロマと苦みが心地よい、ミディアムボディのエール。

C 秋田
秋田あくらビール
さくら酵母ウィート
（あくら）

秋田県が開発した桜の天然酵母とエール酵母をかけ合わせたビール。ほのかな香りと小麦麦芽由来の軽めのボディが特徴で、繊細に仕上がっている。

B 長野
オラホビール
ケルシュ
（信州東御市振興公社）

ドイツのケルンでつくられるケルシュ。その香りは、白ワインにもたとえられる。オラホのケルシュはキレのよいすっきりしたテイストでゴクゴク飲める。

D 長野
志賀高原ビール
IPA
（玉村本店）

長野が誇る実力派ブルワリーの看板アイテム、IPA。アロマホップのインパクトは強いが、モルトとのバランスが取れているため上品さを感じる。

C 秋田

A ● 新潟
　スワンレイクビール (p.142)

F 栃木

I 茨城

D
B ● 長野
　ヤッホーブルーイング (p.147)

● 埼玉
　コエドビール (p.143)

Tokyo

J 山梨

G ● 神奈川
　サンクトガーレン (p.144)

● 静岡
　ベアードビール (p.145)

H 北海道

● 岩手
銀河高原ビール (p.147)

E

E 岩手
いわて蔵ビール
ジャパニーズ
ハーブエール山椒
（世嬉の一酒造）

ヨーロッパではポピュラーなハーブ入りのビールをヒントに、地元である一ノ関産の山椒の実を使って醸造。山椒のアロマがやさしく漂う季節限定の一本。

H 北海道
ノースアイランドビール
ブラウンエール
（SOCブルーイング）

ロースト麦芽を使用するイギリス発祥のブラウンエール。ノースアイランドビールでは、アメリカンホップを使っているため柑橘系の華やかな香りが特徴的。

F 栃木
ろまんちっく村
餃子浪漫
（ろまんちっく村クラフトブルワリー）

宇都宮餃子会と共同開発した「餃子に合うビール」。ボディが感じられるメルツェンスタイルは麦本来のうまみが楽しめると好評で、今年10周年を迎える。

I 茨城
常陸野ネストビール
ホワイトエール
（木内酒造）

副原料にナツメグやコリアンダーなどのスパイスを使用。小麦由来のやわらかな酸味が特徴的。海外での人気も高いため、輸出も多くされている。

G 神奈川
湘南ビール
シュバルツ
（熊澤酒造）

色の濃いビールで濃い味を想像する人は多いが、シュバルツはラガーであり飲み口はライト。モルトのもつ甘みと苦みを同時に堪能できるのが嬉しい。

J 山梨
富士桜高原麦酒
ラオホ
（富士観光開発）

ドイツのバンベルク特産のラオホはスモーキーな香りが鮮烈。富士桜のラオホは近年、主要な国際大会で金賞を獲得するなど、その実力が認められている。

149

沖縄

日本

A 島根
松江ビアへるん
縁結麦酒スタウト
（島根ビール）

ほどよい苦みとコクが持ち味のビアへるんのスタウト。乳糖を用いたアイルランド伝統の「ミルクスタウト」製法によって、マイルドな口当たりを実現している。

B 香川
さぬきビール
スーパーアルト
（香川ブルワリー）

ドイツのデュッセルドルフで生まれたスタイル、アルト。アルコール度数はやや高い6.5％で、麦芽由来のカラメル香とほどよい苦みが感じ取れる。

C 福岡
ブルーマスター
あまおう
ノーブルスイート
（ケイズブルーイングカンパニー）

福岡産の高級苺「あまおう」をふんだんに使用したフルーツビール。フレッシュで上品な甘さは女性に人気。フィニッシュに淡い苦みも感じられる。

D 鹿児島
薩摩GOLD
（薩摩酒造）

焼酎にも使われるサツマイモ・黄金千貫が原料の個性的なピルスナー。ラガータイプの酵母でじっくりと貯蔵熟成して仕上げた。飲み口はすっきりで実に爽快。

E 沖縄
石垣島地ビール
マリンビール
（石垣島ビール）

日本最南端にあるクラフトビール、石垣島ビールのマリンビールはヘレススタイル。ホップの苦みが抑えられ、モルトの風味が強いラガーだ。

F 広島
海軍さんの麦酒
ピルスナー
（呉ビール）

ホップに、チェコ産ザーツを100％使用。さわやかなホップの苦味とすっきりとした飲み心地が特徴の、爽快感あふれるビールです。

G 宮崎
宮崎ひでじビール
太陽のラガー
（宮崎ひでじビール）

宮崎のまぶしい太陽をイメージした爽やかな苦味、スッキリ切れとコクのあるジャーマンピルスナー。麦のうまみも感じる一番人気のビールです。

地図で見る
日本の地ビール

西日本編

その土地ならではの特産物や水など、
豊かな自然の恵みを活かしたビールづくり。
実際に現地を訪れて味わいたい一本を厳選しました。

● 大阪
箕面ビール (p.146)

● Osaka

H 鳥取

B 香川

I 和歌山

J 三重

K 愛知

H 鳥取
大山Gビール ピルスナー
(久米桜麦酒)

日本四名山にも名を連ねる、中国地方が誇る大山の清冽な伏流水を使用し醸造している。その水の違いは、このピルスナーでストレートに体感できる。

J 三重
伊勢角屋麦酒
(伊勢角屋麦酒)

ペールエールのお手本ともいえる、ホップ由来のフルーティーな香りと奥行きのある味わい。クラフトビールを初めて飲む人にもおすすめしたい。

I 和歌山
ナギサビール アメリカンウィート
(ナギサビール)

小麦量の多いドイツのヴァイツェンよりも軽く、飲みやすいのがアメリカンウィート。太陽の季節に渚で味わいたい軽快さが魅力の銘柄。

K 愛知
盛田金しゃちビール 名古屋赤味噌ラガー
(盛田金しゃちビール)

愛知県名産の豆みそを原料に使用した、人気のご当地ビール。赤みそのキャラクターは決して支配的ではなく控えめで、麦芽との調和が取れている。

151

COLUMN

人気上昇中!
日本のクラフトビール祭り

近年は、クラフトビール人気の高まりを受けてビアイベントが増加中です。バラエティーも豊かで、さまざまな楽しみ方ができるようになっています。

日本最大級のクラフトビアイベント
けやきひろばビール祭り（埼玉）

毎年、春と秋の年2回、さいたま新都心のけやきひろばはビール好きの楽園に。全国から実力派ブルワリーが大集合し、所狭しと屋台が並びます。料理も豊富で、定番のつまみから郷土料理の一品、ドイツ料理や本格中華まで何でも揃うのです。そのため、手にしたビアスタイルと食事を合わせるペアリングの広がりも無限大。用意される席数に限りはありますが、けやきひろば自体が広大なので敷物を持参すればまず安心。心地よい風を浴びながら、良質なクラフトビールを堪能できます。

🖥 http://www.beerkeyaki.jp/

生まれた場所で新鮮な一杯を
**サンクトガーレン
ブルワリー開放デー（神奈川）**

厚木のサンクトガーレンが、年に一度開催するユニークなお祭り。名前の通り、醸造所を一般の人たちに開放するというブルワリー発信のイベントです。バーベキューなど料理を楽しみながら、ブルワリーの方たちとも交流できます。

🖥 http://www.sanktgallenbrewery.com/
※開催される場合はこちらでお知らせ。

100を超えるビールが試飲できる
ジャパン・ビアフェスティバル
（東京、大阪、名古屋、横浜）

少しずつたくさんビールを味わいたい。そんな方におすすめなのが、東京・大阪・名古屋・横浜の4都市で開催されるジャパン・ビアフェスティバルです。入場者には50mℓのグラスが渡され、100を優に超えるビールを自由に試飲可能。

🖥 http://www.beertaster.org/

ビールの図鑑
KNOWLEDGE OF BEER

PART 2

ビールの基礎知識

ビールはなぜおいしいのか、
考えてみたことはありますか。
この章では、ビールの
おいしさの秘密を紹介します。

ビールの歴史
BEER HISTORY

> ビールの基礎知識

古代

〈ビールの誕生〉

　ビール醸造の最古の文字の記録は、紀元前3000年ごろにメソポタミアのシュメール人がくさび形文字で粘土版に刻んだものです。当時のビールはシカルと呼ばれ、麦芽の粉で焼いたバッピル（ビールブレッド）を水で溶き、野生酵母で自然に発酵させました。メソポタミア、エジプトの両文明とも、文字の発明以前からビールが存在していたため、どちらが発祥かは不明です。

〈ゲルマン民族の大移動とビールの拡大〉

　部族結束の宴会が盛んだった古代ゲルマン人にとって、ビールは必需品でした。彼らは砕いた麦芽をそのまま鍋で煮て麦汁にし、自然発酵させてビールをつくっていました。ビールブレッドを使わない点では現代と同じ醸造法です。ワインを愛するローマ人からは野卑な飲み物とされましたが、4世紀後半からのゲルマン民族の大移動により、ビールはヨーロッパ全体に広まっていきます。

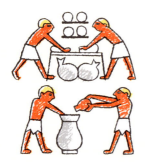

中世

〈キリスト教の布教とビール〉

　8世紀後半にカール大帝がゲルマン民族の大移動で混乱した西ヨーロッパを統一し、征服した土地に教会や修道院を建ててキリスト教を広めます。このとき定められた荘園令により、荘園や修道院にはワインまたはビールの醸造が義務づけられ、ビールはワインと並ぶ地位を得ます。修道院では、巡礼や断食修行者への栄養補給にビールが重宝され、「液体のパン」と呼ばれました。

〈グルートからホップへ〉

　中世のビールは、ハーブを組み合わせた「グルート」により、腐敗防止と香味づけがされていました。その製法は秘密とされ、製造には施政者の認可によるグルート権が必要でした。この利権を守るため、ホップの使用は禁止されましたが、ハンザ同盟でビール輸出が増えたハンブルグなどの都市を中心に14世紀から再び採用されはじめます。香味や泡立ちをよくし、抗菌・清澄作用に優れたホップは、次第に主流となっていきました。

〈ビール純粋令〉

　1516年、ビールの品質を安定させるため、バイエルン公ウィルヘルム4世が「ビールの原料は大麦麦芽とホップと水だけ」とするビール純粋令を定めます。1556年には酵母が追記され、ビールの品質向上に役立ちました。世界最古の食品品質保証の法律といわれ、現在もドイツ国内では原則的に純粋令が守られています。

メソポタミアから5000年の歴史をもつビールは、
ヨーロッパで大きく花開き、いまや世界中で飲まれています。
ここでは製法や原料など、その進化の長い道のりを紹介します。

近代〜現代

〈ラガービールの登場〉

　中世のビール醸造は腐敗が少ない冬に行われていましたが、通常、酵母は摂氏13℃以下では発酵しません。しかし15世紀のバイエルンで、低温で発酵が進む事例が発見され、天然氷とビールを洞窟で春まで貯蔵（ラガー）する方法が生まれます。このとき初めて下面発酵酵母が使用されましたが、当初は酵母ではなく、貯蔵法の違いが発酵の進みを変えるのだと考えられていました。酵母の違いだとわかったのは19世紀後半の細菌学者パスツールによる発見でした。また下面発酵酵母をチェコのピルゼンに持ちこんだヨーゼフ・グロルにより、1842年に黄金色のピルスナービールが誕生します。

〈いつでも、どこでも、安く〉

　19世紀には「近代ビールの3大発明」が生まれます。1つめの発明は1873年、リンデの「アンモニア冷凍機」です。従来、醸造の季節は冬でしたが、一年中可能になりました。2つめの発明はパスツールの「低温殺菌法」です。76年にビールでも有効だと発表され、保存期間や輸送範囲が広がります。3つめの発明は83年、カールスバーグ研究所のハンゼンによる「酵母の純粋培養法」です。純粋な酵母は均一で良質なビールの大量生産を可能にし、値を下げ、大衆飲料への道を切り開きました。

〈ベルギービールの再発見〉

　ラガーは世界のビールの主流となりました。その一方で、1977年に英国のビール評論家マイケル・ジャクソンが出版した『The World Guide To Beer』は、伝統的で個性的なベルギービールの魅力を紹介しました。バラエティーに富んだベルギービールの再発見は、リアルエールを推進するイギリスのCAMRAや、アメリカや日本のクラフトビールに大きな影響を与えました。

〈成長するビール市場〉

　世界全体のビール製造量は191百万kl。10年間で11.4％も増加しました（2016年現在）。その半分は、バドワイザーを擁するアンハイザー・ブッシュ・インベブ、ハイネケン、華潤ビール、カールスバーグという上位4社のビールで占めています。これらの主力製品はクセがなく、軽い後味が特徴のライトなピルスナースタイルです。また世界一のビール生産国は中国で、ブラジル、ベトナムなど経済成長する新興国はビール生産量も伸びています。

ビールの基礎知識

ビールの歴史
BEER HISTORY

日本のビールの創成期

〈日本人とビールの出会い〉

　文献に初めてビールが登場するのは1724（享保9）年、江戸幕府・8代将軍徳川吉宗の時代。当時の阿蘭陀通詞、今村市兵衛と名村五兵衛が刊行した『和蘭問答』に、「麦の酒を飲んでみたところ、殊外悪しき物にて、何の味わいもない。名はヒイルという」という記述があります。初めてビールを醸造したのは幕末の蘭学者、川本幸民といわれています。幸民の訳書『化学新書』はドイツの農芸化学書『化学の学校』のオランダ語版を和訳したもので、下面発酵と上面発酵、それぞれの醸造法や工程が書かれています。彼は実際に実験・製作することで理解を深め、ビールの醸造にも取り組んだだろうと推測されています。

〈ビールの商業生産開始〉

　国内初のビール醸造所は1869（明治2）年、横浜に開業したジャパン・ブルワリーだったとされていますが、まもなく廃業したと伝えられています。翌70年にアメリカ人コープランドが横浜山手123番でスプリング・バレー・ブルワリーを創立。東京や横浜の居留外国人やビールの味を知る日本人向けに販売しました。商業的に成功を収めた最初のブルワリーといえます。品質のよさが評判となり、長崎、上海、サイゴンと販路を拡大するも、84年に倒産。その跡地にT・グラバーの尽力で、ジャパン・ブルワリー・カンパニーが設立され、85年には、「キリンビール」を発売します。このとき、日本人株主は三菱財閥の岩崎弥之助ただひとりでした。

　76年には、札幌に開拓使麦酒醸造所が創設。ドイツで醸造技術を学んだ中川清兵衛を雇い入れ、生産を開始。翌年、下面発酵の「サッポロビール」が出荷されました。東京では90年に「ヱビスビール」が発売。その2か月後に開催された第3回内国勧業博覧会で国内83銘柄中「最良好」の評価を得ます。大阪では、ヴァイエンシュテファン中央農学校（現ミュンヘン工科大学）で醸造学を学んだ生田秀を技術長とし、92年に「アサヒビール」が発売されます。

　日本企業の勃興期といわれる明治20年代（1887ー）には、全国各地に小規模なビール醸造所が誕生します。多くの醸造所では、常温で発酵させるエールタイプのビールが製造されていたようです。しかし、ビール市場規模が小さかった当時は需要も伸びず、わずか数年で廃業してしまいます。一方、上記4社はドイツタイプの爽快な味わいの下面発酵ビールを製造。その風味が日本人に受け入れられ、市場規模は徐々に拡大していきました。

日本のビールの歴史は、明治に入ってからの約150年です。
世界のビール史から見れば、まだ浅い歴史ですが、
なぜ広く日本中で飲まれるようになったのでしょう。その背景を探りました。

発展期

〈ビール業界の競争が過熱化〉

キリン（ジャパン・ブルワリー・カンパニー）、サッポロ（札幌麦酒）、ヱビス（日本麦酒）、アサヒ（大阪麦酒）の現在も続く4大ブランドが台頭する中、経営が厳しくなっていた中小企業が次々と廃業に追いこまれ、一時は100を超えたビール醸造会社も、1901（明治34）年のビール税が施行されるころには20社程度まで激減します。

03年、札幌麦酒の東京進出（東京工場建設）により、ビール業界は競争が激化します。苦境に立たされた日本麦酒の馬越恭平（まごしきょうへい）の呼びかけにより、日本麦酒、札幌麦酒、大阪麦酒の3社が1906（明治39）年、合併。国内シェア70%という日本最大のビール会社、大日本麦酒株式会社を設立しました。3つの既存ブランドを残して継続販売した結果、東日本はサッポロ、関東はヱビス、西日本はアサヒというエリアブランドが成立します。

〈家庭でも飲まれるように〉

第二次世界大戦下の1940年、食料確保を優先するため、清酒は40%、ビールは副原料の米の使用量を減らし15%減産となりました。また、6月にはビールの配給制が実施されます。戦前、ビールの販売は都市部が中心でしたが、この配給制度がビールを日本全国に広め、戦後のビール消費者層の拡大につなげたといわれています。ついで高度経済成長を背景に、昭和30年代（1955−）には冷蔵庫が普及。自宅で冷たいビールが飲めるようになり、製造量は飛躍的に増加しました。

現代

〈熱処理ビールVS生ビール〉

戦後のビール業界は、麒麟麦酒と、大日本麦酒から分割した日本麦酒、朝日麦酒の3社に加え、1959（昭和34）年にオリオンビール、63年にサントリーが参入し今日に至ります。

熱処理した「キリンラガー」で国内シェアの6割強を占めた麒麟麦酒に対し、サントリーは67年に「サントリー純生」、朝日麦酒は68年「アサヒ本生」、サッポロビール（日本麦酒から改名）は77年「サッポロびん生」と生ビールで対抗し、消費者に浸透し始めます。その後、各社は小型樽などの新容器や中味多様化商品などを開発。そのなかで、87年に朝日麦酒の「スーパードライ」が空前の大ヒットを記録し、生ビール比率は約50%まで伸長します。

94（平成6）年には酒類製造免許の緩和により、マイクロブルワリーが数多く誕生。「地ビールブーム」が起こります。

〈発泡酒や第三のビールが登場〉

90年代初頭のバブル崩壊のなか、94年の酒税増税時に大手スーパーがビールの値下げを発表し、低価格競争が始まります。同年中にサントリーが、低税率により低価格を実現した発泡酒「ホップス」を発売。発泡酒市場形成の起点となりました。しかし発泡酒は10年で2回も増税されます。すると03年、サッポロビールがエンドウタンパクを使用した新ジャンル「ドラフトワン」を発売。一層の低税率・低価格によって人気となり、さらに各社が参入。第三のビール市場が誕生しました。

157

> ビールの基礎知識

ビールの原料
BEER MATERIAL

日本の酒税法では、麦芽(ばくが)、ホップ、水およびその他の政令で定める物品がビールの原料と定められています。それぞれの原料について詳しく紹介します。

ビールの味や香りの決め手となる
麦芽
（モルト）

麦芽とは麦を発芽させたものです。麦から麦芽をつくる目的は、麦に含まれるデンプンやタンパク質を糖やアミノ酸に分解するための、酵素を生み出すことです。

糖は酵母に食べられ分解されることで、アルコールと二酸化炭素（炭酸ガス）になります。また、アミノ酸は酵母が生きるために必須の栄養素です。酵母はデンプンやタンパク質をそのままでは食べられないので、ビールづくりには麦を麦芽にすることで生まれる酵素が必要なのです。

また、麦芽はビールの味や香りにも影響します。麦芽のなかには、ビールの色のバリエーションを広げる目的で使われる「色麦芽（濃色麦芽）」と呼ばれるものがあり、褐色や黒いビールなど、さまざまなビールをつくることができます。

主な麦芽の種類

多くのビールで使われている基本の麦芽から、多様な色を生み出すための色麦芽（濃色麦芽）まで代表的な6つの麦芽を紹介します。

ペールモルト
基本の麦芽。淡色麦芽とも呼ばれる。時間をかけて低温で乾燥させたもの。多くのビールに使用されている。

ウィートモルト
小麦の麦芽。タンパク質を多く含むためビールを白濁させる作用がある。ビールの泡もちもよくなる。

ウィンナーモルト
色麦芽。ペールモルトよりやや高温で乾燥させたもの。赤みがかった色みと、ナッツのようなこうばしさが特徴。

カラメルモルト
色麦芽。麦芽に水を含ませてから乾燥させたもの。カラメル香の強い、甘みのあるビールになる。

チョコレートモルト
色麦芽。名前の通り、チョコレートのような色。ウィンナーモルトと同じく、こうばしいナッツの風味をもつ。

ブラックモルト
色麦芽。高温で焦がしたもの。スモーク臭がつくものもあり、スタウトなど、黒いビールに使われる。

心地よい苦みと香りを与える ホップ

ホップは、雄株と雌株が別々のつる性の植物です。収穫の時期には、約7mの高さまで成長します。ホップの役割はビールに特有の苦みと爽快な香りを与えることです。ビール醸造には、主に未受精の雌株の花を使います。これを「球花」と呼びます。ビールに特有の苦みや香りを生み出す成分は、この球花の中の「ルプリン」と呼ばれる器官のなかにあります。

ホップの成分にはビールの泡の形成や泡もちをよくする作用や殺菌作用があります。さらにホップに含まれるポリフェノールにはタンパク質と結合し沈殿することでビールを清澄化する働きもあります。

ホップのタイプと特徴

ホップは醸造評価に基づき、商取引において「ファインアロマホップ」「アロマホップ」「ビターホップ」の大きく3つに分けられることがありますが、信州早生（日本）、ソラチエース（日本）、ネルソンソーヴィン（ニュージーランド）のように、いずれの分類にも属さない品種もあります。

タイプ	特徴（香味）	主な種類	主なスタイル
ファインアロマホップ	アロマホップやビターホップに比べて穏やかな香りをもつ。	ザーツ（チェコ）、テトナング（ドイツ）	ピルスナー、シュバルツなど
アロマホップ	ファインアロマに比べて強い香りをもつ。	ハラタウトラディション、ペルレ（ドイツ）、シトラ、カスケード（アメリカ）	ジャーマン・ピルスナー、ボック、ヴァイツェンなど
ビターホップ	ファインアロマやアロマに比べて、苦みが多い。	マグナム、ヘラクレス（ドイツ）、ナゲット、コロンバス（アメリカ）	エール系、スタウトなど

※ホップは製造工程のなかで数種類を使用するため、必ずしも「スタイル＝特定のホップ100％」ではありません。

ビールの基礎知識

ビールの原料
BEER MATERIAL

水質の違いでビールの特徴が変わる
水

ビールの原料は9割以上が水です。ビール醸造には、カルシウムやマグネシウムなどのミネラル成分を適度に含んだ水が適しています。また、水に含まれるカルシウムやマグネシウムの総濃度を示したものを水の硬度といい、総濃度が高いものを硬水、低いものを軟水と呼びます。一般的に濃色ビールには硬水、淡色ビールには軟水が適しているといわれています。

土地が変われば水質も変わるもの。その水質の違いは、つくられるビールに個性を与えることがあります。たとえば、ペールエールはバートン・オン・トレントの硬水でつくられたからこそ豊かなフレーバーになり、ピルスナーもピルゼンの軟水だからこそすっきりとさわやかな味わいが生まれたのです。

硬水

主なスタイル
・ペールエール
・ダークラガー

カルシウムやマグネシウムなどミネラル成分を多く含む水。ビールの色を濃く、味わいを深くする作用がある。ミュンヘン地方は硬水であるため、ミュンヘナーなどのコクのある濃い色のビールができた。

軟水

主なスタイル
・ピルスナー
・ライトラガー

カルシウムやマグネシウムなどのミネラル成分が少ない水。ビールの色を薄く、シャープな味わいにする作用がある。日本の水はほぼ軟水であり、多くのメーカーによってつくられているピルスナーに最適。

ミネラル成分のバランスとビールへの影響

ドイツ硬度（°dH）	水質	有名なビール産地
0～4	非常に軟水	ピルゼン
4～8	軟水	日本、ミルウォーキー
12～18	やや硬水	ミュンヘン
30以上	非常に硬水	ウィーン、バートン・オン・トレント

※ビール醸造では、ドイツ硬度（単位：°dH）が使われます。
1°dH：水100ml中にCaOが1mg含まれる

ビールへのひと工夫に 副原料

エールとラガーをつくりわける 酵母 (イースト)

　日本では、酒税法においてビールの副原料として使用できるものを「麦その他政令で定める物品」として定めています（下記参照）。

　副原料は、主にビールの味を調整するために使われる麦や米、とうもろこしなどと、味付けや香り付けで使われる果実や香味料があります。麦や米を使い麦芽の使用量を減らすことで、すっきりした味にすることができます。また、副原料の種類や比率によってビールに特徴的な味を付与することもできます。

　ビール醸造に用いられる酵母は直径5〜10ミクロンの微生物で、大きく上面発酵酵母と下面発酵酵母に分けられます。

　酵母は糖を分解してアルコールと二酸化炭素（炭酸ガス）を生成します。これは、発泡性の酒であるビールをつくるための大切な役割です。また、用いる酵母により、ビールの香りや味は大きく特徴づけられます。各ビールメーカーは数百〜数千にもおよぶ酵母をストックし、そのなかからビールスタイルに合った最適な酵母を選択しています。

ビールに使用できる主な副原料

- 麦（大麦のほか、小麦、ライ麦など）
- 米
- とうもろこし
- デンプン（コーンスターチなど）
- 着色料（カラメル）
- 果実および香味料（香辛料、ハーブ、野菜、茶、ココア、かつお節など）

上面（エール）発酵酵母

発酵温度は15〜25℃。発酵期間は3〜5日と短い。副産物が多く、バナナに似たフルーティーな香りがするエステルが豊か。奥深い味わい。発酵中にブクブクと表面に酵母が浮かんで層をつくる。

下面（ラガー）発酵酵母

発酵温度は約10℃。発酵期間は6〜10日と長い。一般的に爽快で飲みやすいのが特徴。発酵タンクの底に酵母が沈む性質をもつ。

ビールの **基礎知識**

ビールの製造工程
BEER MANUFACTURING PROCESS

固形の麦からビールをつくるためには、実にたくさんの製造工程があります。ここでは、ビールづくりに必要な製造工程を、順を追って紹介します。

ビール製造の主な工程

ビールづくりは、麦から麦のもやしである「麦芽」をつくるところから、容器に詰められるまで、大きく6つの工程で成り立っています。

① 製麦工程（せいばく）

大麦を発芽させてビールの主な原料である麦芽をつくる工程。製麦工程は、麦の発芽と生育に必要な水分を供給する浸麦工程、麦をもやし状にする発芽工程、乾燥させることで麦の成長を止め、麦芽の保存性も高める焙燥工程の3つに分けられます。

② 仕込工程（しこみ）

原料から酵母が発酵するために必要な糖やアミノ酸が豊富に含まれた麦汁をつくる工程。まず、粉砕した麦芽や副原料と湯を混ぜて粥状にします。この状態をマイシェと呼びます。マイシェのなかで麦芽の酵素を働かせることによって、デンプンやタンパク質を糖やアミノ酸に分解するのです。デンプンを糖に分解する酵素はアミラーゼと呼ばれ、タンパク質をアミノ酸に分解する酵素はプロテアーゼと呼ばれます。その後、ろ過によってマイシェから固形分を除きます。このスープを「麦汁（ばくじゅう）」と呼びます。麦汁にホップを加えて煮沸をすることで、ビールに特有の苦みと香りを付与します。最後に、酵母が働きやすい温度にまで冷却します。

③ 発酵・貯酒工程（はっこう）(前発酵／主発酵)

麦汁が発酵によりビールへと変化する工程です。麦汁中の糖から酵母の発酵によってアルコールと二酸化炭素（炭酸ガス）がつくり出されます。また、アミノ酸は酵母が生命活動を行うための栄養源として利用されます。

④ 熟成・貯酒工程（じゅくせい）(後発酵)

発酵が終わったビールは「若ビール」と呼ばれます。この「若ビール」を成熟させるのが熟成工程です。熟成中に、若ビールの不快な香りはなくなります。また、低温で熟成させることで味もマイルドになります。

⑤ ろ過または熱処理（か）（ねっしょり）

熟成後のビールは、品質の変化を防ぐために、ろ過により酵母を取り除くか、熱により酵母の活動を止めます。

⑥ パッケージング

ビールは、一般的に「びん」「缶」「樽」などの容器に詰めて出荷されます。

1　製麦工程
浸麦で発芽を促し、麦から麦芽へ

　麦を水中に浸漬して発芽と生育に必要な水分を供給することを「浸麦」と呼びます。麦は浸麦中も呼吸を続けているため、空気の吹きこみや水の入れ替えを行って酸素を与えます。浸麦では通常、水温約15℃で2日ほど給水させます。

　次に、麦を15℃前後に保たれた発芽室に移して発芽を促進させます。この発芽行程中に、デンプンやタンパク質を分解する酵素が生成します。さらにこの後、発芽した麦の成長を止めて保存性を高めるために麦芽を乾燥させます。この工程を「焙燥」と呼びます。

ビールの色を調整する色麦芽づくり

焙燥
モルトを熱風で乾燥させる工程のこと。淡色麦芽をつくる場合は、約50℃から80℃超まで温度を上げます。急激に熱を加えると麦芽の酵素が損なわれるので、低い温度から徐々に上げていきます。

焙煎（ロースト）
濃色ビールに使われるカラメル麦芽、チョコレート麦芽、黒麦芽などはロースターで焙煎してつくります。焙煎工程を得た色麦芽をうまく使うことで、褐色や黒色など、さまざまなビールの色合いがつくられます。

2　仕込工程
糖類やアミノ酸が豊富に含まれる麦汁づくり

1.麦芽の粉砕
麦芽はローラー式の粉砕機で粉砕されます。細かく粉砕することにより、デンプンの糖への分解を効率的に進めることができます。ただし、細かすぎるとこの後のろ過の工程で目詰まりする原因となり、また、麦芽の皮（穀皮）に含まれるタンニンが過剰に溶出し渋みやエグみの原因となります。穀皮は粗く、穀粒の中身は細かくなるように麦芽粉砕を行います。

2.糖化
粉砕した麦芽は温水と混ぜられ粥状の「マイシェ」となります。マイシェのなかでは麦芽の酵素の働きにより、デンプンは酵母が食べられる大きさの糖に分解され、タンパク質は酵母の栄養源となるアミノ酸に分解されます。この工程を「糖化」と呼びます。酵素にはそれぞれ働きやすい最適な温度があるため、マイシェの温度を段階的に変化させます。この工程は、温度の上げ方によって、大きく2つに分けられます（次頁、「仕込の方法」を参照）。

ビールの製造工程
BEER MANUFACTURING PROCESS

3. 麦汁のろ過
マイシェのなかの固形分(穀皮部分など)がろ過により取り除かれ、麦汁が得られます。この際、固形分自体がフィルターとなります。

4. 煮沸
麦汁にホップを添加することで、特有の苦みや香りを与えます。また、煮沸により麦汁を殺菌し、不快な香りを揮発させます。ホップには苦みをほとんど呈しないアルファ酸という成分が含まれており、煮沸することでイソアルファ酸という苦み成分に変化します。ホップの品種や投入する量、投入のタイミングによっても、ホップに由来する香りや苦みは変化します。

5. 麦汁冷却
煮沸が終わった麦汁は、ホップに由来する固形物やタンパク質などの凝集物が取り除かれ、酵母が働きやすい温度にまで冷却されます。

❸ 発酵・貯酒工程(主発酵)

アルコールと炭酸ガスをつくり出す

　麦汁中の糖を酵母が食べ、アルコールと炭酸ガスをつくり出すのが「発酵」工程です。麦汁に酵母の増殖に必要な酸素を加え、酵母を添加します。

　ビールのアルコール度数は麦汁に含まれる糖の濃度によって決まります。糖の濃度が高いほど酵母の分解によって得られるアルコールの濃度も高まるからです。一般的にアルコール度数・糖度が高いほど飲みごたえのある味となり、低いとすっきりした味になります。糖やアルコールの濃度が高い環境では、酵母が生育や発酵を止めてしまう場合があるので、適した酵母を選び、発酵の方法を調整することが必要になります。

〈仕込の方法〉

インフュージョン法

マイシェを煮沸することなく全体の温度を段階的に変化させる方法。

デコクション法

マイシェの一部を煮沸し、そのマイシェを戻すことによってマイシェ全体の温度を上げていく方法。

マイシェの一部を仕込釜に取って煮沸。

仕込槽に戻し、全体のマイシェの温度を高める。

ビールのスタイルとアルコール度数

スタイル	度数	スタイル	度数
ライトラガー	3.5〜4.4%	ボック	6.5〜7.5%
ピルスナー	4.0〜5.0%	スコッチエール	6.2〜8.5%
イングリッシュペールエール	4.5〜5.5%	バーレイワイン	8.5〜12%

4 熟成・貯酒工程（後発酵）

ビールの風味が特徴づけられる

発酵を終えたばかりのビールは味が粗く、未熟な香りを含むため「若ビール」と呼ばれます。これを低温で熟成させることで、好ましくないにおいの物質は別の物質に変換され感じられなくなります。一方で、酵母由来のフルーティーな香りに代表されるエステル類などの香り成分も生み出されます。また熟成期間中も残った糖分などの発酵が進むことにより、炭酸ガスがつくり出されます。この炭酸ガスは、ビール中の不快な香りを揮発させたり、ビール中に溶けこむことで、爽快なのどごしや、特有の泡をつくり出したりします。

〈熟成期間〉

熟成期間は種類や酵母によってさまざま。適正な熟成期間を超えると望ましくないにおいがつき、ビールの泡もちにも影響を与えます。

上面発酵
下面発酵ビールよりは短いか、ほぼない。

下面発酵
約1か月。より短い期間で熟成させることもできる。

5 ろ過または熱処理

ビールの品質を保持するためのろ過と熱処理

熟成を終えたビールは、品質の変化を防ぐため、ろ過により酵母を取り除くか、熱処理により酵母の活動が止められます。ろ過には、小さな穴がたくさん空いた珪藻土や、1マイクロメートル以下の微小な穴をもつ合成樹脂性のフィルターなどが使われます。

「生ビール」とは？

日本で「生ビール」と呼ばれているものは、「熱処理をしていないビール（非熱処理）」をさします。飲食店で提供される樽詰めのものをイメージしがちですが、熱処理をしていないビールであれば、詰められている容器とは関係なく「生ビール」なのです。

6 パッケージング

びん、缶、樽による製品化

びんの場合は、洗浄されたびん内の空気を炭酸ガスによって追い出し、加圧状態にしてからビールを充填します。缶の場合には、製缶会社から送られてきた缶を洗浄した後、すぐに充填します。樽の場合には、回収された樽に洩れがないか検査を行い、洗浄の上充填します。いずれの場合も、ビールと酸素の接触を少なくし、酸化によるビール品質の劣化を防いでいます。

> ビールの
> 基礎
> 知識

ビールの
おいしさの秘密
BEER DELICIOUS POINT

ビールのおいしさを演出する4つのポイント。
色、味、香り、泡について、
なぜビールはおいしいのか、その秘密を探りました。

Color

色

色は麦芽から生まれる

ビールの色には麦芽（モルト）の種類が大きく影響します。とくに、濃色ビールでは色麦芽（濃色麦芽）を使うことで特有の色が生まれます。また、製造工程のひとつである「煮沸」での化学反応も影響します。麦汁を煮沸する際に、麦汁のなかのアミノ酸と糖類の化学反応によって生まれる化合物がビールの色合いを変えてゆくのです。

色でスタイルを判断する

ビールには金、白、茶、黒などさまざまな色があり、スタイルとも密接な関係にあります。たとえば、金色のビールはピルスナースタイル、赤銅色ならヴィエナ。茶色みを帯びた黒ならシュバルツ。はっきりとした黒ならポーターやスタウトなど、色でスタイルを見分けることができます。

色で品質がわかる

ビールが酸化反応を起こして劣化すると、赤みを帯びた色になります。また、ビールの清澄度も失われ、ぼやけた色合いになり味や香りの新鮮さも失われます。仕込工程のなかで余分なポリフェノールが麦汁中に溶出した場合も赤みがかった色になります。このようなビールは香りや味に調和のない粗いものとなります。色は品質を見極める重要なサインなのです。

ビールの味を決めるもの

ビールの味は、味と香りの相乗効果によってつくり出されます。ビール特有の味の特徴である苦みのほか、酸味や甘みなどもあります。酸味は発酵時に生成される有機酸、甘みは酵母に取りこまれずに残った多糖類などによって形成されます。また味覚以外では、香りの成分も味に影響します。

Taste
味

ビールの苦みをつくるホップ

一般的には、ホップがもつ苦み成分のイソアルファ酸の含まれる量が、苦みの強弱を決定します。ビールの苦みはいつまでも舌の上に残るような苦さではなく、すぐ消えるようなものがよいとされています。ファインアロマホップやアロマホップなどを使用することで、より上品な苦みになります。

品質の評価を決めるもの

ビールの品質の評価には、「官能検査」という人間の五感を使った検査方法があります。なかでも、品質管理の場合には「分析型官能検査」が用いられます。①色・光沢・泡立ち・泡もち、②香り、③味、④後味、⑤濃醇さ、⑥苦みの強さ・質——といったいくつかの項目を個別に評価し、最終的に全体の調和を含めた総合評価を行います。

| ビールの
| 基礎
| 知識

ビールの香りとは?

ビールの香りを表す言葉はふたつ。ひとつは鼻で感じる「アロマ」です。栓を抜いたときやグラスに注がれて広がる香りをさします。もうひとつは、ビールを口に含み、口から鼻に抜ける香りの「アフターフレーバー」です。ビールはこの香りを、味と合わせて「香味」という言葉で表現するほど、香りを重視しています。

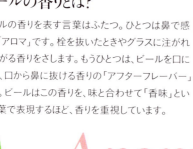

香りの成分は200以上

ビールには、ホップなど原料に由来する香り、エステルなど発酵に由来する香り、経時的な成分の変化により生まれる香りなどがあります。ビールの香りを担う成分は、確認されている化合物だけで200以上。ビールの香りは多様な成分が調和していることが重要で、特定の成分が極端に多くなることはあまりよしとされていません。

香りの表現と評価

ビールの香りは、具体的な植物や食品にたとえて表現されます。たとえば、ヴァイツェンの香りは「クローブやナツメグに似たフェノール香と、バナナのようにフルーティーなエステル香」と表現されます。ほかにも、「コーヒーのようなこうばしさ」や「バラの花のような華やかさ」など、ビールの個性に合わせた多様な表現が用いられます。

泡の強さとその成分

ビールは泡もちのよさが特徴です。泡のなかは炭酸ガス。周りの膜を強化しているのは、タンパク質とイソアルファ酸です。タンパク質は麦芽由来、イソアルファ酸はホップ由来の成分になります。このため、このふたつの原料をたっぷり使ったオールモルトビールのほうが、一般的に泡は豊かになります。

泡

泡のもつ役割

泡は、ビールの炭酸ガスや香りが、空気と接触して酸化するのを防ぐ蓋のような役割を担ってグラスに注がれます。よい泡のビールを一定量ずつ同じ場所に口をつけて飲むと、ジョッキの反対側に等間隔の泡の平行線ができます。これをレーシング、ベルジャンレースなどと呼び、上手な飲み方の証とされます。

泡もちの秘訣は畑から

世界中でビールの泡についての研究が進められ、ビールの泡もちをよくさせる麦芽由来のタンパク質の特定が試みられてきました。その結果、泡の安定に関わるいくつかのタンパク質が見つかっています。これらの研究結果は、泡もちのいい大麦の育種などにも生かされています。

ビールの
基礎
知識

ビールの
飲み方と温度
BEER HOW TO & HEAT

冷蔵庫から出したばかりのキンキンに冷えたビールを一気にグッと飲むのもおいしいのですが、ほかにもビールを楽しめる飲み方がいろいろとあります。おいしいビールが手に入ったら、ぜひお試しください。

ビールは五感で楽しむ

ビールの本当のおいしさを味わうコツは、ビールの世界に浸りきること。五感のすべてを目の前の一杯に向けて、その魅力を余さず感じ取りましょう。

最初は「聴覚」。王冠を抜くときや、プルタブを引いたときの「プシュッ」と炭酸が抜ける音、泡の弾ける音を楽しみます。グラスに注ぐときは、泡をきちんと立てましょう。そうすると適度に炭酸ガスが抜け、ビール本来の香味が引き立ちます。

グラスに注いだら、ビールのおいしさを「視覚」でも楽しみましょう。ピルスナーの明るく澄んだ金色、漆黒のスタウトと泡のコントラスト。スタイルの違いはもちろん、泡の様子やビールの色は、同じスタイルのビールでも注ぐ容器や注ぎ方でさまざまに変化します。

グラスを持ち上げれば、「嗅覚」にアロマが、そして、「味覚」も合わさってフレーバー（香味）が感じられます。香りには、ホップ香や麦芽香、果実香などが現れます。泡の口当たり、口中での触感や炭酸の刺激、ボディの重さは「触感」で感じるものです。ビールの触感をのどで感じるためには、背筋を伸ばして飲むのもおすすめ。のどごしをより楽しむことができます。

ビールを味わうポイント

音を聴く — 聴覚

色と泡を見る — 視覚

アロマを感じる — 嗅覚

甘みや苦みなどのテイストを味わう — 味覚

温度や炭酸感、ボディを楽しむ — 触覚

スタイルに合った温度がある

料理をおいしく食べるためには「温かいものは温かいうちに、冷たいものは冷たいうちに」というように、ビールにもおいしく味わうための温度があります。端的にいえば、エールは常温程度で、ラガーは低めの温度がよりおいしく飲めるといわれています。

香りが持ち味のエールは冷やしすぎに注意を。香りは揮発性の物質なので、温度が高いほうが感じやすくなります。上面発酵のスタウト、ポーター、アルト、ケルシュ、ヴァイツェンは常温程度で飲むことで、その豊かな香りを余すことなく感じることができます。

実はラガーであっても冷やしすぎには注意が必要です。ビールの成分の凝固や濁りが発生し、泡もちが悪くなることも。保管時の温度に気をつけましょう。

スタイルごとの適温の目安は右の図の通りです。「アルコール度数の高い銘柄は少し上げる」などのアレンジを加えてもよいでしょう。

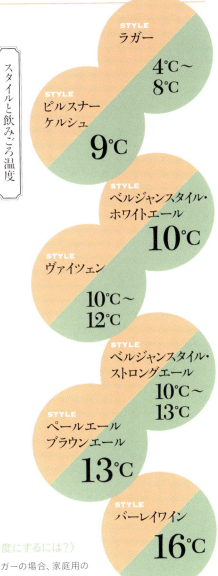

スタイルと飲みごろ温度

STYLE	温度
ラガー	4℃〜8℃
ピルスナー／ケルシュ	9℃
ベルジャンスタイル・ホワイトエール	10℃
ヴァイツェン	10℃〜12℃
ベルジャンスタイル・ストロングエール	10℃〜13℃
ペールエール／ブラウンエール	13℃
バーレイワイン	16℃

〈飲みごろ温度にするには?〉

一般的なラガーの場合、家庭用の冷蔵庫で3〜4時間くらい冷やすと、飲みごろの4〜8℃になります。早く冷やしたいときは、大きめの容器に氷水を張って、その中でびん・缶を冷やします。

エールやヴァイツェンなど香りを楽しみたいビールは、温度が下がりすぎるのを防ぐため、新聞紙などに包み、野菜室で保管するのがよいでしょう。

ビールの基礎知識

ビアグラスで
おいしく飲む
BEER GLASS

1
ビールを飲むときは グラスに注ぐ

ビールをグラスに注ぐことで、ほどよく炭酸が抜け口当たりがマイルドになります。また、ビールのおいしさを引き立ててくれる「泡」も生まれます。ビールの泡は、酸化や香りが飛ぶのを防ぐ蓋の役割を果たします。注いだときの泡立ち・泡もちがよければ、ビールを飲み干す最後の一口までおいしさが持続されるのです。

2
グラスは スタイルで選ぶ

グラスの形状を選ぶことで特定の特徴を感じやすくすることができます。1000種類以上あるベルギービールの多くは、その銘柄専用のグラスがあるほど、グラスの形状が重視されています。スタイルの特徴をしっかりと捉えたいときは、適したグラスを選ぶ必要があるのです。下は各スタイルの代表的なブランドのグラスです。スタイルに合ったグラスを選ぶ際の参考にしてください。

フルート型
ピルスナー

ホップの香りを逃がさないよう、中央が膨らみ、口は細め。細長い形状は気泡が美しく立ち上る。

パイントグラス
ペールエール

英と米で、大きさや形状が異なる。香りのUKは568mlで膨らみがあり、苦みのUSは473mlで厚手。

ヴァイツェングラス
ヴァイツェン

500mlが標準量。酵母や小麦の豊かなアロマが楽しめるよう、グラス上部の口が膨らんでいる。

グラスはビールの持ち味を生かす大切な要素のひとつです。
爽快感、泡、香り、甘みなど、ビールのおいしさを生かす
ビアグラスを選んでみましょう。

3
グラスの形が大切な理由

特定の銘柄のオリジナルグラスのなかには、そのスタイルに沿わないものもあります。そこには、スタイルの特徴よりも、そのビールのもつ独自性を感じ取ってほしいという思いがこめられています。飲み口が広いグラスは、芳醇な香りが楽しめるように。くびれのあるグラスなら、こんもりと立ち上がる泡の美しさを。グラスはビールの特徴に合わせて、合理的につくられているのです。

4
グラスは正しく洗う

ビアグラスを洗うときは、「専用のスポンジで洗うこと」と「自然乾燥させること」が大切です。食器を洗うスポンジを使うと、油分を移してしまう可能性があります。また、布巾を使って水分をふき取ると糸くずや油分がグラスに付着します。糸くずや油分は、泡もちを損なう原因となるので、専用のスポンジを使って洗い、グラスを伏せて自然に乾燥させるのがおすすめです。

細長い直線型
ケルシュ

シュタンゲ(棒)と呼ばれるグラス。泡が消えやすいため、さっと飲み干せる200mlサイズになっている。

チューリップ型
ベルジャン・ストロングエール

上部のくびれが、泡を抑えて固める。外側に広がった口から、エールらしい華やかな香りが漂う。

聖杯型
トラピスト

口径が広く、重厚感のあるつくりの聖杯型。芳醇な香りや豊かな味わいを、ゆっくり楽しむことができる。

> ビールの
> **基礎知識**

楽しみ方いろいろ
ビアグラス図鑑
BEER GLASS

ビールは、使用するビアグラスで楽しみ方が変わります。イベントの雰囲気を楽しめるものや泡の美しさを強調するものなど、お気に入りの一杯のために、とっておきのグラスを用意してみては?

パウラナー マスジョッキ

オクトーバーフェストで用いられる標準の大型ジョッキ。毎年デザインが異なる500㎖容量のフェス用ジョッキもある。
1000㎖/リカーショップアサヒヤ

パウエル・クワック グラス

木製の台座がついた丸底グラス。その昔、宿屋と醸造所を営むパウエル・クワックという男が宿を訪れる御者のため、馬上でも飲めるようにと考案したという。
300㎖/廣島

銅マグ

熱伝導がよい銅製のビアマグ。ビールを注ぐとグラス全体が冷たくなる。保冷効果もあるため、最後まで冷えたビールが楽しめる。
350㎖/スタイリスト私物

江戸切子グラス 「スカイツリー紋様」 一口ビール

伝統の江戸切子でスカイツリーのフレームを描いたグラス。スカイツリーのライトアップに合わせ、江戸紫の「雅」と青白の「粋」の2色を展開。
125㎖/ヒロタグラスクラフト

泡立ちグラス山

グラス内に加工がしてあり、簡単にクリーミーな泡がつくれるグラス。グラスの底に山状の突起があり、そこにビールを当てるようにして注げば、より泡立ちがよくなり、ビールのうまみが閉じこめられる。
390㎖/東洋佐々木ガラス

うすはりビールグラス

1㎜よりも薄く、丁寧に吹き上げられた繊細な飲み口が特徴のグラス。鼓をモチーフにした優美なフォルムが、口元にゆるやかにビールを運ぶ。
355㎖/松徳硝子

マイケル・ジャクソン テイスティンググラス

世界的なビール評論家、マイケル・ジャクソン氏がプロデュースした、ビアスタイルを問わない万能グラス。色をしっかり見せ、アロマを閉じこめる効果がある。
400㎖/スタイリスト私物

備前焼ビアグラス

備前焼の表面にある土本来の凹凸が、濃密でクリーミーな泡をつくる。使いこむほどに味が出てくるのは焼き物ならでは。
500㎖/スタイリスト私物

COLUMN

ビール工場見学
ビールができるまでを見に行こう

世の大人たちにとって、とっても魅力的な飲み物をつくるビール工場。大人だからこそ本当に楽しめる社会科見学に行ってみませんか?

ビールの基本原料は麦芽・ホップ・水の3つ。これらが、どうやってあれほどのおいしさをもったビールに変身するのでしょうか。その秘密を探るべく、水郷日田の名水を使ったビールをつくる、サッポロビール九州日田工場に行ってきました。

住所:〒877-0054　大分県日田市大字高瀬6979
Tel:0973-25-1100(※要予約)
開館時間:10:00〜17:00
休館日:12〜4月の毎週水曜日(祝日の場合は翌日)、年末年始

生のうまさが体感できるビール工場

1 ブランドを知る

黒ラベルツアー、ヱビスツアーといった商品の全てがわかるツアーも参加することができます(有料)。黒ラベルやヱビスの歴史やおいしさのヒミツを楽しく学べます。

2 工場見学

醸造設備のなかでビールができあがっていくまでの実物を見ながら、仕込やパッケージングなどの製造工程を見学。原料の麦芽やホップに触れたり、酵母の画像を見ることもできます。

3 できたての「生」を味わう

工場見学の後は日田市内が一望できる試飲室で、工場直送生ビールをいただきます。できたてはコク、香り、苦みのバランスが最高の状態で、これぞ生ビールの真骨頂ともいえる味わいです。

4 見学が終ったら、本格的なお食事を

敷地内には「日田森のビール園」(営業時間:10時〜22時)も併設。日田市街を一望できる丘の上で、大パノラマを眺めながら食事ができます。ヱビスビール飲み比べセットも用意され、さまざまなビールが楽しめます。

ビールの図鑑
KNOWLEDGE OF BEER

PART 3

もっと
ビールを
楽しもう

ビールは飲んでこそ楽しいものです。
お店やおうちでもっと楽しく
もっとおいしく飲む方法を
紹介します。

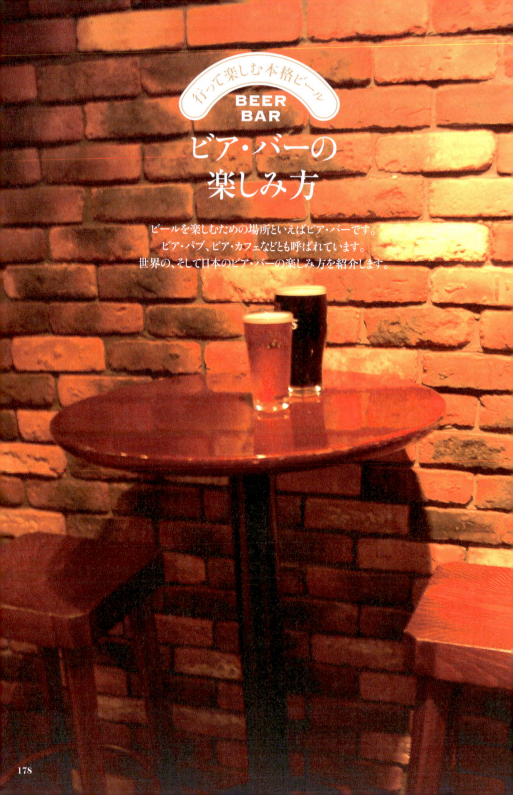

行って楽しむ本格ビール
BEER BAR

ビア・バーの楽しみ方

ビールを楽しむための場所といえばビア・バーです。
ビア・パブ、ビア・カフェなどとも呼ばれています。
世界の、そして日本のビア・バーの楽しみ方を紹介します。

世界のビア・バーにはいくつかの種類があります。

たとえば、イギリスやアイルランドでは「パブ」と呼ばれる酒場がその代表です。パブはパブリックハウスの略で、近隣の公共の場、寄り合う場所といったニュアンスがあることからもわかるように、客層は地元の常連がほとんどです。注文と支払方法はキャッシュオンデリバリー（カウンターで注文し、商品と引き換えにお金をそのつど払う）が一般的です。英国ではグループで行った際、1杯目はひとりが全員分、2杯目は別の誰かが全員分と順番に払っていき、人数分の杯数を飲んで帳尻を合わすというバイイング・アラウンドと呼ばれる習慣があります。以前は上流階級はソファー席に、労働者階級はカウンターにという棲み分けもありましたが、現在はどこに座っても問題はありません。

ドイツやチェコでは、グラスやジョッキが空になったら（注文をしなくても）ウェイターがどんどんおかわりをもってくる店があります。その際コースターに線を書きこんでいきます。ラインが何本入っているかで何杯飲んだかがわかるというシステムです。

そのため、途中で勝手にコースターを変えたりすると、ズルをしたと思われるので要注意です。コースターをジョッキの上に乗せれば「おかわりは、いりません」という合図になります。

注意点としては、アメリカではほとんどの店が禁煙ですし、ロンドンのパブも全面禁煙です。ビールにこだわっているお店では、日本でも禁煙のお店が増えてきています。ビールは香りも楽しむということを重視すれば当然の流れといえるでしょう。香りのきつい香水なども避けるのがマナーです。

最近は日本でもビア・バーの数が増えてきて、気軽に入れる雰囲気になってきました。初心者でもひとりでも、気おくれせずにまずは入ってみましょう。ビア・バーはけっして敷居が高いマニアックなお店ではありません。なぜならビールそのものが、肩ひじ張らずに楽しく飲むフランクなお酒だからです。乾杯をしてグラスを飲み干すだけで、空間ごと楽しめます。それは世界共通といってもよいでしょう。

世界のビールを空間ごと味わう

Photo by Fujiwara hiroyuki

ビア・バー通になる方法

ビールは楽しく飲むのが一番です。
そのためにはいくつか押さえておきたいポイントがあります。
ビア・バーで楽しく過ごす方法を紹介しましょう。

お店の選び方

ビールは繊細なお酒です。ビールびんのケースを陽の当たる場所に出していたり、ビール樽を高温になる所に置きっぱなしだったりするお店は避けましょう。生ビールの場合、サーバーの洗浄をきっちり行っているかもチェックしたいところです。

最初の一杯

慣れないうちは、低アルコールの淡色系から高アルコールの濃色系へと飲み進めるとよいでしょう。1杯目からハイアルコールのビールやロースト感の強い濃色系ビールを飲むと、そのあとのビールの味わいがぼやけてしまうことがあるからです。また、自分がその日に何杯ぐらい飲むつもりなのかを考えて、計画的にオーダーすることも必要でしょう。

オーダー例

1杯目のおすすめ
ピルスナーウルケル
（アルコール度数4.5％ 淡色）

2杯目のおすすめ
**ベアードビール
アングリーボーイブラウンエール**
（アルコール度数6.8％ 中濃色）

3杯目のおすすめ
シメイ・ブルー
（アルコール度数9.0％ 濃色）

ビールの飲み方

のどを一直線にして一気に飲み干すだけが、ビールのおいしさを味わう飲み方ではありません。ビールはのどを潤すだけではなく、五感で楽しむお酒です。色や透明感、泡の美しさは視覚を、香りは嗅覚を、味わいは味覚を、のどごしは触覚をくすぐります。聴覚を刺激するグラスに注ぐ音や炭酸が弾ける音までゆっくり堪能してこそ、通なビールの飲み方です。

会話を楽しむ

ほかのお客さんやお店の人との語らいも楽しみのひとつですが、マナーを守るのも大切です。「私は独りで飲みたい」といったムードの人にしつこく語りかけたり、カップルに割りこんだりするのはNGです。ほかの人が飲んでいるビールに対してのダメ出しや否定的な評価も避けたいもの。初めてなら、まずはお店の人におすすめを聞いてみるとよいでしょう。楽しい話が聞けるかもしれませんよ。

慣れたらカウンターへ

地元の人だけが集まるイギリスのパブなどでは暗黙の了解で席が決まっているケースもあります。日本でも常連客が多い店などでは注意が必要。とくにカウンターは、マスターとのおしゃべりやサービングを見ることができるため人気が高いポジションです。それだけに、やっぱりカウンターも楽しんでみたいですよね。「ここ、いいですか？」と一言断りを入れるマナーを忘れずに、カウンターへ行ってみましょう。

ビールに合う
食事の選び方
BEER & FOOD

さまざまなスタイルのビールをよりおいしくしてくれるのがビールに合わせた料理です。ビールにお似合いの料理を選んで、ステキなペアリングを楽しみましょう。

食材を色で合わせれば
ペアリングが生まれる

　スタイルも香りも味わいも、多種多様なビール。料理との楽しみ方も多種多様です。ここでは、ビールに合う料理の選び方のポイントをいくつか紹介します。

　まず、ドイツビールならドイツ料理といった具合に、ビールがつくられた地方の料理を合わせることができます。また、ビールの原料やつくり方を調べて、それに合った食材や料理法を使った料理を合わせることもできます。たとえば、スパイシーなホップの香りの特徴が比較的強いビールならスパイスのきいた料理を、ハーブのような香りのホップを多く使ったビールならハーブ系の料理など。これらも食材を選ぶひとつの目安です。

　さらに、「色」も料理を選ぶ上でのポイントのひとつとなります。ビールの色に食材の色を合わせるという方法も気軽で楽しいものです。風味や味はビールを飲むまでわかりませんが、色は見た目でわかります。ブランドや地域、スタイルなどをあまり細かく気にせず、まずはファッション感覚で色を合わせてみるのもよいでしょう。

ビールに合う食事の選び方

Beer Color
Gold
(金色)
×
塩
solt
+
Gold Food

ゴールドのビールはきりっと塩味で しょう油味ならラガーよりエールを

　ゴールデンラガーといわれる金色に輝くビールは、のどごしがよく、キレがあるものが多いです。相性のよい料理は、金色からイメージできるフード。からりと揚がったフライや、コンソメ煮、鶏ガラスープを使った料理。そして、味つけには塩味がおすすめです。

　日本人がよく飲むラガービール。実は、生魚の生臭さやしょう油に含まれる硫黄化合物のにおいを強めてしまう場合があります。そのような特徴が気になる場合には、同じ金色でもエールビールを合わせてみるとよいでしょう。ちなみに、枝豆や豆腐などの大豆食品も、ラガービールを合わせると青臭さが出てしまうことがあります。

　とはいえ、ラガービールののどごしは抜群。食事と一緒に飲むビールとしては、とても合わせやすいビールです。

主なビール

〈エール〉
- バス ペールエール
- デュベル
- よなよなエール

〈ラガー〉
- ヱビスビール
- ピルスナーウルケル
- ホフブロイ・ミュンヘン オリジナルラガー

おすすめフード
- じゃがいも料理
  （フライドポテト、ポテトサラダ、じゃがバターなど）
- 揚げ物
  （天ぷらを塩で、ソースをつけないコロッケなど）
- 塩味の鶏料理
  （塩味の焼鳥、八宝菜など鶏がらダシを使った中華料理など）
- コンソメ味の料理
  （ロールキャベツ、ポトフ、ピラフなど）

ビールに合う食事の選び方

やさしいホワイトビールには さわやかなドレッシングで

　ベルギーのホワイトビールには、苦みが少なく、小麦の甘み、オレンジピールやコリアンダーなどが香るやさしくさわやかな味わいのものがあります。このようなビールには、ドレッシングをかけた大根やカブのサラダ、甘酢あんをかけた豆腐、白身魚のカルパッチョなど、白いフードや甘みと酸味（酢や柑橘類）を合わせた料理がおすすめです。

主なビール
- ヒューガルデン・ホワイト
- エーデルワイス スノーフレッシュ
- 箕面ビール ゆずホ和イト

おすすめフード
- ヨーグルトや酒粕を使った料理
- 青パパイヤのサラダ
- バナナを使ったデザート、料理

茶色くこうばしいビールには こんがり焼いたしょう油味

　茶色いビールには、モルトをこうばしく焙煎したブラウンエール、デュンケル、アルトやトラピストなどの熟成されたビールがあります。コクや苦みがほどよくあるので、茶色く焼けたロースト系の料理やしょう油、ナッツやごまなどを使ったこうばしい料理との相性が抜群。きのこや脂ののったサンマなど、秋の味覚にもハマります。

主なビール
- ヴェルテンブルガー・バロックデュンケル
- オルヴァル
- ニューキャッスル ブラウンエール

おすすめフード
- くるみやアーモンドなどナッツ類
- しょう油だれ焼き肉　●きんぴらごぼう
- 肉団子、ハンバーグの照り焼きソース

ビールに合う食事の選び方

ビールに合う食事の選び方

Beer Color
Black
(黒色)
×
みそ
miso
+
Black Food

どっしりとした黒いビールには、しっかり煮込んだみそ味の料理を

　ポーター、スタウト、シュバルツなどの黒いビールは、焙煎した苦みと甘み、コクなど、色だけでなく味わいも強いビールです。もろみしょう油やうなぎのたれ、八丁みそ、デミグラスソース、バルサミコ酢など色の濃い調味料なら、お互いのコクをぐっと高め合い、うまさを引き出してくれます。

主なビール
- ケストリッツァー シュバルツビア
- マーフィーズ アイリッシュスタウト
- フラーズ ロンドン ポーター

おすすめフード
- ビーフシチュー　● イカスミのパスタ
- もつ煮込み　● みそ煮込みうどん
- チョコレート

赤くて酸っぱいビールには甘いフルーツやデザートを

　赤いビールに代表されるフルーツビールは、酸味と甘みがしっかりとあるので、食前酒や食後酒にぴったりです。甘みのあるアミューズやフルーツ、デザートと合わせるとよいでしょう。サクランボのビールにサクランボを合わせてもよいですが、甘みを加えてつくったデザートとの相性も◎。チーズを組み合わせた前菜もおすすめです。

主なビール
- ブーン・フランボワーズ
- リンデマンス・カシス

おすすめフード
- トマトのサラダ
- 赤いフルーツゼリー
- カマンベールチーズとジャム
- イチゴのタルト

ビールに合う食事の選び方

Beer Color
Red
(赤色)
×
スイーツ
sweets
+
Red Food

おうちビアを楽しむ

ビールはいつどこで、誰と飲んでもいいものですが、
なんといっても「おうちビア」こそ、私たちの日常です。
まったりとくつろぎながら、最高のビールをいただきましょう。

3度注ぎ でおいしさ UP!

おいしさを引き出す ビールの美しい注ぎ方

いつもおうちで飲むのはやっぱり缶ビール！ どんな状態のビールでも、必ずおいしく美しいビールができる、プロ技の「3度注ぎ」で、おうちビアを楽しみましょう。

1度目
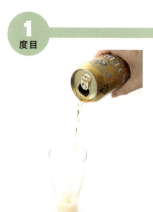

上から勢いよく注ぐ

水平なテーブルにグラスを起き、ビールを勢いよく、グラスの半分程度まで注ぎましょう。グラスと缶は、30cmほど離すと泡が立ちやすくなります。

2度目

泡が落ち着くのを待つ

粗い泡が落ち着いて消えるのを待ちます。下から少しずつ液が上がり、泡もきめ細かになっていく様子がわかります。液と泡が5:5になるまで待ちましょう。

2度目をゆっくり注ぐ

2度目は、グラスの縁に缶の口を近づけ、ゆっくりていねいに注ぎます。こうすることで、泡の蓋が崩れず、そのまま上に持ちあがってきます。

缶でもびんでも
3度注げばおいしく美しい泡立ちに

　おいしいビールの絶対条件ともいえるのが、クリーミーでコシのある泡です。本書でも何度か触れていますが、泡はビールの劣化やガス抜けを防ぐ、蓋の役割をもつ大切な要素です。きめ細かい泡をつくって、ビールのうまみが逃げにくい状態をキープすれば、家でも最高の状態でビールを味わうことができます。

　とはいえ、自分で注いだビールは泡がすぐに消えてしまう、という人も多いのでは？　そこでおすすめなのが、「3度注ぎ」。ビールを3回に分けてグラスに注ぐ方法で、誰でも簡単に美しい泡がつくれます。

　まず、グラスは注ぎやすい大きめのものを用意しましょう。グラスを斜めにすると泡が立ちづらくなるので、水平なテーブルの上に置きます。ポイントは粗い泡が落ち着いて、きめが細かくなるのを待ってから次を注ぐこと。グラスのサイズにもよりますが、3度注ぎは平均2分強の時間を必要とします。待ちきれずに一気に注いでしまうと、泡は粗いままで消えやすくなってしまうのです。

　3度注ぎは、国内ビールメーカーも推奨している注ぎ方です。何度か練習して注ぎ方をマスターすれば、おうちビアがもっと楽しめるはず。びんはもちろん、家で一番飲まれている缶ビールでも、ぜひ試してみてください。

3度目

もう1度、泡を待つ

9割程度まで注いだら、いったん止めてもう1度泡が落ち着くのを待ちます。液と泡の状態は、6：4程度になるとよいでしょう。

最後までゆっくり注ぐ

グラスの縁に沿って、少しずつ注いで泡を押しあげていきます。ピルスナーなど泡の強めなビールは、グラスから泡が1.5cm盛りあがるくらいの量がベスト。

ビールと泡が7：3で完成

液と泡の比率は、7：3がもっとも美しいとされています。何度か練習して、コツをつかんでいきましょう。

おうちビアを楽しむ

正しく保存して、おいしさを保つ

保存と冷やし方の基本

冷やしすぎ、凍結、高温はNG！
保管場所のにおいにも注意を

　ビールはキンキンに冷やして飲むものと思われがちですが、過度な冷やしすぎはかえってビールの味を損ねてしまいます。

　ビールは、0℃を下回ると凍ることがあります。凍らないまでも、冷やしすぎれば濁りを発生する場合があります。いずれの場合も、ビール本来のおいしさを損ね、凍結の場合は容器破損の危険もあります。アルコール度数の低いものほど、凍結しやすいので注意しましょう。

　一方、高温での保存は香りのバランスを崩し、変色を起こします。とくに、直射日光下での保管は絶対に避けましょう。日光は、ゴムが焼けたような臭い（日光臭）の原因になります。

　以上のことを考慮すると、ビールは暗く涼しい場所に保管し、飲む前に冷蔵庫で冷やすのがよいといえます。冷蔵庫で保管する場合は、冷気の直接あたる場所や振動が強いドアポケットなどは、避けるようにしましょう。

　また、びんの王冠やアルミ缶はにおいを吸収しやすく、塩やしょう油の近くでは腐食の危険もあるとされています。漬物や灯油など、においの強いもののそばに置くのは避けて保管しましょう。

自分流にビールをつくる楽しさ

ハーフ&ハーフのつくり方

注ぐ順番で泡と風味が変わる

　ピルスナーに慣れた日本人には、スタウトなど味わいの濃い濃色ビールを少し苦手とする人もいるでしょう。

　でもせっかく世界のビールを楽しみたいなら、濃色ビールも試したいもの。そんな人におすすめなのがハーフ&ハーフです。淡色と濃色ビールを半々の割合で混ぜるので、濃色ビールの特徴をより飲みやすい状態で楽しむことができます。

　実はこのハーフ&ハーフ、注ぐ順番で泡の色が変わります。淡色ビールから注げば、泡は白く、濃色ビールから注げば、色のついた泡ができます。

　ビール選びで迷ったら、まずは飲み慣れたブランドのものを選ぶとよいでしょう。原料や製法に共通点があると、ビール同士の相性もよくなるといわれています。割合も5:5だけでなく、1:3にするなど、その日の気分で味わいや香りを変えて楽しんでみてください。慣れてきたら、いろんなビールのスタイルで挑戦して、自分だけのビールを見つけてみるのもよいでしょう。

おうちビアを楽しむ

ビールの楽しみ方がグッと広がる
ビアカクテルのつくり方

基本はビールを最後に注ぐこと

　お酒の弱い人やビールの苦みを抑えたい人には、ビアカクテルという楽しみ方もあります。

　たとえば、アルコールを抑えたいときには、定番のレッドアイがおすすめ。最新の研究によると、トマトの成分には体内でのアルコール分解を助ける効果があるようです。苦みをまろやかにしたいなら、グレープフルーツなどの柑橘系でパナシェを。ホップには柑橘系の香りがあり、酸味のあるフルーツとは相性がよいので

す。また寒い季節には、甘みのあるホットビールを。レンジで温めてもよいですが、火にかけたほうがよりやわらかな飲み口を味わえます。

　つくり方のポイントは、「ビールを最後に注ぐ」こと。そうすることで、泡立ちのよいビアカクテルをつくることができます。ビールのスタイルや混ぜる素材、分量など、レシピはあくまで目安です。好みに合わせ、いろいろなカクテルを楽しみましょう。

ビールが苦手な人にもおすすめ
ビアカクテルレシピ

レッドアイ
ビール（ピルスナー）：
トマトジュース
＝ 1：1
グラスの半分までトマトジュースを注ぎ、次にビールを注ぐ。好みで塩やコショウ、レモンを加えても◎。

グレープフルーツパナシェ
ビール（ピルスナー）：
グレープフルーツジュース
＝ 1：1
グラスの半分までグレープフルーツジュースを注ぎ、次にビールを注ぐ。パナシェは「混ぜ合わせる」の意味。

ホットビール
黒ビール（スタウト）……350 ml
黒砂糖……大さじ1
シナモン……適量
ビールを鍋に入れ弱火で温める。50～60℃程度になったら、砂糖を入れて溶かす。グラスに注いでシナモンを添える。

ビールの資格

話のネタになるものから、仕事に使えるものまで、
ビールにまつわる資格はさまざま。
国内で取得できる代表的な資格や検定、講習などを紹介します。

ビアテイスター

ビールの基礎知識からテイスティングの方法まで、ビールにまつわる幅広い知識をもった人に贈られる資格です。「ビアテイスター・セミナー」に出席後、認定試験を受ける流れが一般的。認定講座は、東京や大阪、横浜の会場で不定期開催されています。詳細(http://www.beertaster.org/)

ビアアドバイザー

飲食・サービス業の知識とともに、世界のビールを的確な専門知識でお客様に提供できる資格です。資格認定には、試験のない通信コースと、DVD受講後に認定試験を受験するコースのどちらかを選択します。
詳細(http://www.bsa-w.com/)

ビアソムリエ

ビールに関する知識やマナー、料理との相性、ビアカクテルのつくり方まで、幅広い知識を身につけられる「ジャパンビアソムリエ協会認定講座」を受講後、認定試験に合格することで得られます。日本で唯一の、ドイツおよびオーストリア大使館後援資格。詳細(http://www.beersom.com/default.html)

日本ビール検定(びあけん)

ビールの歴史や製法、飲み方を中心に、幅広い知識を問う検定です。ビールの楽しみ方を広げられる3級から、専門的な知識を要する1級まで。2012年9月の第一回検定では、述べ5000人以上が受検しました。成績優秀者には、うれしい特典も。詳細(http://www.kentei-uketsuke.com/beer/)

ビアジャーナリストアカデミー

ビールの歴史やつくり方、ビアスタイルなど、ビールを正しく伝える文章表現からブルワリーへの取材手法まで、ビアジャーナリストになるための技術を学べる講座です。受講期間は約4か月。講師陣には現役編集者やプロカメラマンを迎えています。詳細(http://www.jbja.jp/)

191

ビールの図鑑
KNOWLEDGE OF BEER

ビールを楽しむ用語集

ビールを飲むときや誰かと語るときには、ビールにまつわる用語を知っておくと、楽しみがもっと広がります。ここでは、まずは覚えておきたい用語をピックアップしました。

（あ）

IBU（国際苦味単位）

ビールの苦みをはかる単位。International Bitterness Units の略。苦みが強いものほど、値が大きくなる。

アロマ

ビールを表現する用語のひとつで、鼻から入る香りのこと。香りはモルト、ホップに由来するものや発酵由来のものがある。

色合い（SRM、EBC）

ビールは仕込む麦芽の種類によって、色の濃淡が決まる。SRMは主にアメリカで使用される、ビールや麦芽の粒の色度数の単位。EBCはヨーロッパの単位。どちらも値が大きいほど色が濃い。

ウィジェット

気圧を調整する特殊なカプセルのこと。缶を開けた瞬間にビールが刺激されることで、クリーミーな泡ができる。ギネスなどが採用。

エール（上面発酵）

15〜25℃の発酵温度でつくられる、上面発酵酵母を使用したビールの総称。フルーティーな香りをもつものが多い。

エステル

発酵中に、酸とアルコールから生じる化合物。バナナや洋ナシ、リンゴのようなフルーティーなアロマをもたらす。

オフフレーバー

ビールに発生する好ましくないにおいのこと。発生する原因としては不適切な醸造によるもの、バクテリアなどの汚染によるもの、不適切な保管によるものがあげられる。

（か）

外観

ビールを表現する用語のひとつで、ビールの色合い、透明感、泡の状態など、グラスに注いだ状態の特徴をさす。スタイルごとによいとされる基準が異なる。

カラメル香

ハチミツ、バタースコッチ、しょう油、チョコレート、コーヒーに似た香りの総称。モルト由来の香りであることが多い。

キャラクター

個性、持ち味のこと。モルトやホップの個性を表す際に用いる。

クラフトビール

ビール職人によって、小規模生産でつくられるビール。日本では「地ビール」がこれにあたる。

酵母

ビールづくりにかかせないもので、糖分をアルコールと二酸化炭素に分解する微生物のこと。上面発酵酵母は、発酵の際に炭酸ガスの泡とともに表面に浮かぶ。下面発酵酵母は発酵後期に凝集し

て底に沈む。純粋培養されたものではなく、醸造所内にすみついている野生酵母が用いられることもある。

コク・キレ

原料やアルコールの香りと味のバランスを表す言葉。糖分を残した味の濃いものを「コクがある」、残さずにすっきり感を高めたものを「キレがいい」と表現する。

小麦ビール

大麦麦芽のほか、小麦麦芽や小麦を用いたビール。ドイツのヴァイツェン、ベルギーのホワイトエールが有名。

酒類製造免許

酒の製造ができる免許。酒造免許ともいう。1年の最低製造見込数量が定められており、ビールは60kℓ。3年間下回ると免許取り消しとなる。

酒類販売業免許

酒類の販売を行うための免許。酒類卸売業免許や一般酒類小売業免許などがある。

自然発酵

エールやラガーのような培養した酵母を使用せず、自然中に浮遊する野生酵母を使用した醸造方法。ベルギーのランビックが有名。

新ジャンル

「第3のビール」と呼ばれるアルコール飲料のこと。「麦芽を使わない」「発泡酒にスピリッツを混ぜる」方法でつくられる。

スタイル

ビールの分類法のこと。原料や製法、アルコール度数、色、香り、苦みなどによって分類される。

スモーク香

原料の麦芽をいぶすことで付加されるスモーキーな香りのこと。ラオホビア（燻製ビール）に特徴的な香り。スタウトにもこの香りをもつものがある。

（た）

ダイアセチル

バタースコッチやバターのような風味をもたらす発酵生成物。イギリスのエールにはマッチするが、ラガーには望ましくないとされる。

炭酸ガス

発酵時に生成される二酸化炭素のガスのこと。ビールの口当たりやのどごしをよくし、香味成分の変質を防ぐ働きがある。

タンニン

麦芽などに含まれるポリフェノールの一種。これが酸化することで、渋みやビールの変色が発生する。

DMS

コーンの缶詰に似たにおい。煮沸時間が短すぎた場合や、バクテリアの汚染などにより発生するオフフレーバー。

低温白濁（チルヘイズ）

冷やしすぎたビールに現れる濁りのこと。ビールに含まれるタンパク質が凝固することで起こり、品質低下の原因にもなる。

ドラフトビール

熱処理をしていないビール。同義語として「生ビール」がある。ドラフトとは英語で「汲み出す」を意味し、本来は樽から汲み出したビールをさす言葉。

糖化

製造工程のひとつ。麦芽中の酵素の働きにより、デンプンを分解し糖に変えること。

糖質オフ

糖質とは、炭水化物から食物繊維を除いた、糖を主成分とする物質の総称。糖類や糖アルコールなどが該当する。糖質オフとは、この糖質をカットしたもの。

糖類

糖質に含まれる物質の一種で、砂糖や乳糖などの二糖類やブドウ糖や果糖などの単糖類をさす。

トースト香

焦げたような香り。ダークエールやスタウト、ポーターなどにみられるモルトの特徴。

日光臭（スカンキー）

ビールを直射日光に当てることにより発生する、ゴムが焦げたような不快なにおい。

（な）

熱処理

熟成を終えたビールを、製品化するために熱殺菌すること。これにより、長期保存ができるようになる。

（は）

バートン化（バートナイズ）

軟水を硬水に変える工程のこと。ペールエールを生み出したイギリスの都市バートン・オン・トレントに由来する。

ハイブリッド

ビールの醸造方法のひとつ。原料や醸造方法を混合させて、スタイルを限定しないものをさす。

パイント

パイントとは容量の単位。1パイントの容量でつくられたグラスをパイントグラスといい、主にイギリスとアメリカのビールに使用される。ただし、イギリスのUKパイントは568 ㎖、アメリカのUSパイントは473 ㎖と容量が異なる。

麦芽

ビール主要原料のひとつ。麦を発芽させたもの。

瓶内発酵

一次発酵を終えたビールをびん詰めする際、酵母と砂糖を加え、びんの中で二次発酵させたもの。ベルギーのシメイなどが有名。

フェノーリック

アロマを表現する用語のひとつ。クローブ（丁子）のような香り。

副原料

ビールの原料のひとつで、主にビールの味の調整に使用される。日本では酒税法により、「麦その他政令で定める物品」と表現され、使用できる副原料が定められている。

フレーバー

ビールを表現する用語のひとつで、鼻で感じる香りと舌で感じる味を合わせたもの。「香味」ともいう。

プレミアムビール

原料や醸造方法にこだわった高級志向のビールの総称。

ペアリング

ビールと食のおいしい関係を表した言葉。同義語にマリアージュがある。

ヘッドリテンション

泡の持続力。泡もちのこと。

ホップ

ビールの原料のひとつで、ビール独特の苦みや香りを生み出す。

ボディ

ビールを表現する用語のひとつで、のどを通る感覚など味わいの強弱をさす。

（や）

野生酵母

空気中に浮遊している天然の酵母で、自然発酵に使用される。

（ら）

ラガー（下面発酵）

10℃前後の温度でつくられる、下面発酵酵母により発酵させる醸造方法。これによりつくられたラガービールは、すっきりとしたシャープな飲み口が特徴。

リアルエール

イギリスの伝統的なビールで、ろ過や熱処理をせず、容器内での二次発酵によりコンディショニングされたビールのこと。ビールはパブ内で管理され、見極められた飲みごろに提供される。樽（カスク）で管理することから、カスクコンディンともいう。

BEER INDEX
スタイル別索引

ビール名	国名	ページ
上面発酵		
アイリッシュスタイル・スタウト		
アイリッシュスタウト	アイルランド	86
松江ビアへるん 縁結麦酒スタウト	日本	150
アイリッシュスタイル・ドライスタウト		
エクストラスタウト	アイルランド	85
アイリッシュスタイル・レッドエール		
キルケニー	アイルランド	86
アビイ ビール		
サン・フーヤン トリプル	ベルギー	51
セント・ベルナルデュス・アプト12	ベルギー	53
アメリカンアンバーエール		
アンバースワンエール	日本	142
アメリカンウィートエール		
秋田あくらビール さくら酵母ウィート	日本	148
ナギサビール アメリカンウィート	日本	151
アメリカンスタイル・IPA		
志賀高原ビールIPA	日本	148
モダス ホッペランディIPA	アメリカ	117
ラグニタスIPA	アメリカ	115
アメリカンスタイル・ブラウンエール		
ノースアイランドビール ブラウンエール	日本	149
アメリカンスタイル・ペールエール		
伊勢角屋 ペールエール	日本	151
ファイヤーロック ペールエール	アメリカ	112
よなよなエール	日本	147
アルト		
さぬきビール スーパーアルト	日本	150
ユーリゲ アルト クラシック	ドイツ	40
ESB(イーエスビー)		
フラーズ ESB	イギリス	75
イングリッシュスタイル・IPA		
パンクIPA	イギリス	83
イングリッシュスタイル・ブラウンエール		
ニューキャッスル・ブラウンエール	イギリス	79

ビール名	国名	ページ
イングリッシュスタイル・ペールエール		
ケルト ブレディン1075	イギリス	84
サミエルスミス・オーガニックペールエール	イギリス	77
スピットファイアー	イギリス	80
ディセプション・セッションIPA	デンマーク	98
バス ペールエール	イギリス	76
フラーズ ロンドン プライド	イギリス	74
ブラックアイル ゴールデンアイペールエール	イギリス	84
インペリアル・IPA		
スルガベイインペリアルIPA	日本	145
ヴァイツェン・アイスボック		
アヴェンティヌス アイスボック	ドイツ	33
クリスタルヴァイツェン		
ヴァイエンシュテファン クリスタルヴァイスビア	ドイツ	37
ケルシュ		
オラホビール ケルシュ	日本	148
ガッフェル・ケルシュ	ドイツ	39
フリュー ケルシュ	ドイツ	39
スコッチエール		
トラクエア ジャコバイトエール	イギリス	82
スコティッシュエール		
セントアンドリュースエール	イギリス	78
ストロング・ゴールデン・エール		
デュベル	ベルギー	52
デリリウム・トレメンス	ベルギー	53
ポペリンフス ホメルビール	ベルギー	64
ストロングスタウト		
ライオン・スタウト	スリランカ	128
スペシャル・ビール		
グーデン・カロルス・クラシック	ベルギー	63
ビーケン	ベルギー	60
ブファロ・ベルジャン スタウト	ベルギー	64
ブルッグス ゾット・ブロンド	ベルギー	59

195

BEER INDEX
スタイル別索引

ビール名	国名	ページ
セゾン		
セゾンデュポン	ベルギー	57
ダークエール		
ホブゴブリン	イギリス	81
ダブル IPA		
ウェストコースト IPA	アメリカ	110
ストーン ルイネーション ダブル IPA2.0	アメリカ	111
トラピスト		
ウエストフレテレン 12	ベルギー	67
ウェストマール・トリプル	ベルギー	55
オルヴァル	ベルギー	54
シメイ・ブルー	ベルギー	56
ラ・トラップ ブロンド	オランダ	99
ロシュフォール 10	ベルギー	55
ハーブ＆スパイスビール		
いわて蔵ビール ジャパニーズハーブエール 山椒	日本	149
エーデルワイス スノーフレッシュ	オーストリア	95
フランダース・ブラウンエール		
リーフマンス グリュークリーク	ベルギー	67
フランダース・レッドエール		
ドゥシャス・デ・ブルゴーニュ	ベルギー	65
ローデンバッハ クラシック	ベルギー	66
フルーツエール		
湘南ゴールド	日本	144
ブルーマスター あまおうノーブルスイート	日本	150

ビール名	国名	ページ
箕面ビール ゆずホ和イト	日本	146
ブロンドエール		
ビター＆ツイステッド	イギリス	82
ヘーフェヴァイツェン		
エルディンガー・ヴァイスビア	ドイツ	38
小麦のビール	日本	147
TAP 7 オリジナル	ドイツ	33
フランツィスカーナー ヘーフェヴァイスビア	ドイツ	38
ベルジャンスタイル・ストロングエール		
スモーク＆オーク	アメリカ	113
デウス	ベルギー	61
ベルリーナヴァイセ		
ベルリーナ・キンドル・ヴァイセ	ドイツ	41
ポーター		
フラーズ ロンドン ポーター	イギリス	75
ホワイトエール		
常陸野ネストビール ホワイトエール	日本	149
ヒューガルデン・ホワイト	ベルギー	50
ブルームーン	アメリカ	119
マイボック (エール酵母使用)		
デッド・ガイ・エール	アメリカ	116
レッドエール		
エチゴビール レッドエール	日本	148

下面発酵

ビール名	国名	ページ
アメリカンラガー		
青島ビール	中国	125
アンバーラガー		
サミュエルアダムス・ボストンラガー	アメリカ	114
インペリアル・スイートポテト・アンバー		
COEDO紅赤 -Beniaka-	日本	143
ウィンナースタイル・ラガー		
ネグラモデロ	メキシコ	121

ビール名	国名	ページ
カリフォルニアコモンビール		
アンカースチームビア	アメリカ	109
ジャーマン・ピルスナー		
ツィラタール・ピルス プレミアムクラス	オーストリア	94
シュバルツ		
ケストリッツァー シュバルツビア	ドイツ	35
湘南ビール シュバルツ	日本	149

ビール名	国名	ページ
ストロングラガー		
バルティカNo.9	ロシア	103
デュンケル		
ヴェルテンブルガー・バロックデュンケル	ドイツ	29
ドッペルボック／ダブルボック		
エク28	ドイツ	30
サルバトール	ドイツ	32
ドルトムンダー		
ヱビスビール	日本	137
ピルスナー		
アサヒスーパードライ	日本	135
オリオンドラフトビール	日本	139
カールスバーグ	デンマーク	97
海軍さんの麦酒 ピルスナー	日本	150
キリンラガービール	日本	134
グロールシュ プレミアムラガー	オランダ	101
ゲッサー・ピルス	オーストリア	96
ザ・プレミアム・モルツ	日本	138
サイゴン・エクスポート	ベトナム	131
サッポロ生ビール黒ラベル	日本	136
薩摩GOLD	日本	150
サンミゲール・スタイニー	フィリピン	130
シンコヴニ ペール10	チェコ	93
シンハー・ラガー・ビール	タイ	127
大山Gビール ピルスナー	日本	151
台湾ビール 金牌	台湾	131
バドワイザー	アメリカ	119
ビットブルガー プレミアム ピルス	ドイツ	27
ビンタン	インドネシア	129
プリマピルス	アメリカ	118
フレンスブルガー ピルスナー	ドイツ	31
宮崎ひでじビール 太陽のラガー	日本	150
モレッティ・ビール	イタリア	102
ヘレス		
アウグスティーナ ヘレス	ドイツ	41
石垣島地ビール マリンビール	日本	150

ビール名	国名	ページ
ハイネケン	オランダ	100
ボヘミアン・ピルスナー		
ピルスナーウルケル	チェコ	91
ブドヴァイゼル・ブドバー	チェコ	92
マイボック		
マイウルボック	ドイツ	34
ミュンヘナーヘレス		
シュパーテン ミュンヘナーヘル	ドイツ	26
ホフブロイ・ミュンヘン オリジナルラガー	ドイツ	28
メルツェン／オクトーバーフェストビア		
シュパーテン オクトーバーフェストビア	ドイツ	27
ろまんちっく村 餃子浪漫	日本	149
ライトラガー		
コロナ・エキストラ	メキシコ	120
ラオホ		
シュレンケルラ ラオホビア メルツェン	ドイツ	36
富士桜高原麦酒 ラオホ	日本	149
ラガー		
タイガーラガービール	シンガポール	126

自然発酵		
フルーツエール		
ブーン・フランボワーズ	ベルギー	62
ランビック		
カンティヨン・グース	ベルギー	58
デ カム・オード グーズ	ベルギー	65
リンデマンス・カシス	ベルギー	62

その他		
フリースタイル・ダークラガー		
盛田金しゃちビール 名古屋赤味噌ラガー	日本	151

BEER INDEX
ビール名索引

ビール名	国名	ページ

（あ）

ビール名	国名	ページ
アイリッシュスタウト	アイルランド	86
アヴェンティヌス アイスボック	ドイツ	33
アウグスティーナ ヘレス	ドイツ	41
秋田あくらビール さくら酵母ウィート	日本	148
アサヒスーパードライ	日本	135
アンカースチームビア	アメリカ	109
アンバースワンエール	日本	142
石垣島地ビール マリンビール	日本	150
伊勢角屋麦酒	日本	151
いわて蔵ビール ジャパニーズハーブエール 山椒	日本	149
ヴァイエンシュテファン クリスタルヴァイスビア	ドイツ	37
ウェストコーストIPA	アメリカ	110
ウエストフレテレン 12	ベルギー	67
ウェストマール・トリプル	ベルギー	55
ヴェルテンブルガー・バロックデュンケル	ドイツ	29
エーデルワイス スノーフレッシュ	オーストリア	95
エク28	ドイツ	30
エクストラスタウト	アイルランド	85
エチゴビール レッドエール	日本	148
ヱビスビール	日本	137
エルディンガー・ヴァイスビア	ドイツ	38
オラホビール ケルシュ	日本	148
オリオンドラフトビール	日本	139
オルヴァル	ベルギー	54

（か）

ビール名	国名	ページ
カールスバーグ	デンマーク	97
ガッフェル・ケルシュ	ドイツ	39
カンティヨン・グース	ベルギー	58
キリンラガービール	日本	134
キルケニー	アイルランド	86
グーデン・カロルス・クラシック	ベルギー	63
海軍さんの麦酒 ピルスナー	日本	150
グロールシュ プレミアムラガー	オランダ	101
ケストリッツァー シュバルツビア	ドイツ	35
ゲッサー・ピルス	オーストリア	96
ケルト ブレディン1075	イギリス	84

ビール名	国名	ページ
COEDO紅赤-Beniaka-	日本	143
小麦のビール	日本	147
コロナ・エキストラ	メキシコ	120

（さ）

ビール名	国名	ページ
サイゴン・エクスポート	ベトナム	131
サッポロ生ビール黒ラベル	日本	136
薩摩GOLD	日本	150
さぬきビール スーパーアルト	日本	150
サミュエルアダムス・ボストンラガー	アメリカ	114
サミエルスミス・オーガニックペールエール	イギリス	77
ザ・プレミアム・モルツ	日本	138
サルバトール	ドイツ	32
サン・フーヤント トリプル	ベルギー	51
サンミゲール・スタイニー	フィリピン	130
志賀高原ビールIPA	日本	148
シメイ・ブルー	ベルギー	56
湘南ゴールド	日本	144
湘南ビール シュバルツ	日本	149
シュパーテン オクトーバーフェストビア	ドイツ	27
シュパーテン ミュンヘナーヘル	ドイツ	26
シュレンケルラ ラオホビア メルツェン	ドイツ	36
シンコヴニ ペール10	チェコ	93
シンハー・ラガー・ビール	タイ	127
ストーンルイネーション ダブル IPA2.0	アメリカ	111
スピットファイアー	イギリス	80
スモーク&オーク	アメリカ	113
スルガベイインペリアルIPA	日本	145
セゾンデュポン	ベルギー	57
セントアンドリュースエール	イギリス	78
セント・ベルナルデュス・アプト12	ベルギー	53

（た）

ビール名	国名	ページ
タイガーラガービール	シンガポール	126
大山Gビール ピルスナー	日本	151
台湾ビール 金牌	台湾	131
TAP 7 オリジナル	ドイツ	33
青島ビール	中国	125
ツィラタール・ピルス プレミアムクラス	オーストリア	94

ビール名	国名	ページ
ディセプション・セッションIPA	デンマーク	98
デウス	ベルギー	61
デ カム・オード グーズ	ベルギー	65
デッド・ガイ・エール	アメリカ	116
デュベル	ベルギー	52
デリリウム・トレメンス	ベルギー	53
ドゥシャス・デ・ブルゴーニュ	ベルギー	65
トラクエア ジャコバイトエール	イギリス	82

（な）

ビール名	国名	ページ
ナギサビール アメリカンウィート	日本	151
ニューキャッスル・ブラウンエール	イギリス	79
ノースアイランドビール ブラウンエール	日本	149
ネグラモデロ	メキシコ	121

（は）

ビール名	国名	ページ
ハイネケン	オランダ	100
バス ペールエール	イギリス	76
バドワイザー	アメリカ	119
バルティカNo.9	ロシア	103
パンクIPA	イギリス	83
ビーケン	ベルギー	60
ビター&ツイステッド	イギリス	82
常陸野ネストビール ホワイトエール	日本	149
ビットブルガー プレミアム ピルス	ドイツ	27
ヒューガルデン・ホワイト	ベルギー	50
ピルスナーウルケル	チェコ	91
ビンタン	インドネシア	129
ファイヤーロック ペールエール	アメリカ	112
ブーン・フランボワーズ	ベルギー	62
富士桜高原麦酒 ラオホ	日本	149
ブドヴァイゼル・ブドバー	チェコ	92
ブファロ・ベルジャン スタウト	ベルギー	64
フラーズ ESB(イーエスビー)	イギリス	75
フラーズ ロンドン プライド	イギリス	74
フラーズ ロンドン ポーター	イギリス	75
ブラックアイル ゴールデンアイベールエール	イギリス	84
フランツィスカーナー ヘーフェヴァイスビア	ドイツ	38
プリマピルス	アメリカ	118

ビール名	国名	ページ
フリュー ケルシュ	ドイツ	39
ブルーマスター あまおうノーブルスイート	日本	150
ブルームーン	アメリカ	119
ブルッグス ゾット・ブロンド	ベルギー	59
フレンスブルガー ピルスナー	ドイツ	31
ベルリーナ・キンドル・ヴァイセ	ドイツ	41
ホブゴブリン	イギリス	81
ホフブロイ・ミュンヘン オリジナルラガー	ドイツ	28
ポペリンフス ホメルビール	ベルギー	64

（ま）

ビール名	国名	ページ
マイウルボック	ドイツ	34
松江ビアへるん 縁結麦酒スタウト	日本	150
箕面ビール ゆずホ和イト	日本	146
宮崎ひでじビール 太陽のラガー	日本	150
モダス ホッペランディIPA	アメリカ	117
盛田金しゃちビール 名古屋赤味噌ラガー	日本	151
モレッティ・ビール	イタリア	102

（や）

ビール名	国名	ページ
ユーリゲ アルト クラシック	ドイツ	40
よなよなエール	日本	147

（ら）

ビール名	国名	ページ
ライオン・スタウト	スリランカ	128
ラグニタスIPA	アメリカ	115
ラ・トラップ ブロンド	オランダ	99
リーフマンス グリュークリーク	ベルギー	67
リンデマンス・カシス	ベルギー	62
ローデンバッハ クラシック	ベルギー	66
ロシュフォール10	ベルギー	55
ろまんちっく村 餃子浪漫	日本	149

BEER INDEX
生産元索引
※国は、生産元の所在地です。

ビール名	国名	ページ
（あ）		
アインベッカー醸造所	ドイツ	34
アウグスティーナ醸造所	ドイツ	41
あくら	日本	148
アサヒビール	日本	135
アンカー社	アメリカ	109
アンハイザー・ブッシュ・インベブ社	アメリカ	50, 119
石垣島ビール	日本	150
伊勢角屋麦酒	日本	151
ヴァイエンシュテファン醸造所	ドイツ	37
ヴァン・デン・ボッシュ醸造所	ベルギー	64
ウェストマール醸造所	ベルギー	55
ヴェルテンブルク修道院付属醸造所	ドイツ	29
ヴェルハーゲ醸造所	ベルギー	65
エイ.ジェイ.アイ.ビア	日本	146
SOCブルーイング	日本	149
エチゴビール	日本	148
エピック醸造所	アメリカ	113
エルディンガー・ヴァイスブロイ	ドイツ	38
オリオンビール	日本	139
オルヴァル修道院	ベルギー	54
（か）		
カールスバーグ社	デンマーク	97
香川ブルワリー	日本	150
ガッフェル醸造所	ドイツ	39
カルテンハウゼン醸造所	オーストリア	95
カンティヨン醸造所	ベルギー	58
木内酒造	日本	149
協同商事コエドブルワリー	日本	143
キリンビール	日本	134
銀河高原ビール	日本	147
キンドル醸造所	ドイツ	41
熊澤酒造	日本	149
久米桜麦酒	日本	151
グリーンフラッシュ醸造所	アメリカ	110
クルムバッハ醸造所	ドイツ	30

ビール名	国名	ページ
呉ビール	日本	150
ケイズブルーイングカンパニー	日本	150
ケストリッツァー社	ドイツ	35
ゲッサー醸造所	オーストリア	96
ケルト・エクスペリエンス	イギリス	84
コナ醸造所	アメリカ	112
（さ）		
サイゴンビール・アルコール・ビバレッジ社	ベトナム	131
サッポロビール	日本	136,137
薩摩酒造	日本	150
サミエルスミス・オールドブルワリー	イギリス	77
サンクトガーレン	日本	144
サントリー酒類	日本	138
サン・フーヤン醸造所	ベルギー	51
サンミゲール社	フィリピン	130
シェパードニーム醸造所	イギリス	80
ジェンコヴニ醸造所	チェコ	93
島根ビール	日本	150
シュナイダー醸造所	ドイツ	33
シュパーテン・フランツィスカーナー醸造所	ドイツ	26,27,38
信州東卸市振興公社	日本	148
シンハーコーポレーション	タイ	127
スカ醸造所	アメリカ	117
スクールモン修道院	ベルギー	56
ストーン醸造所	アメリカ	111
世嬉の一酒造	日本	149
セント・シクステュス修道院	ベルギー	67
セント・ベルナルデュス醸造所	ベルギー	53
（た）		
台湾タバコ＆リカー	台湾	131
玉村本店	日本	148
青島啤酒股份有限公司	中国	125
ツィラタールビール社	オーストリア	94
ディアジオ社	アイルランド	85,86
デカム（ブレンダー）	ベルギー	65
デュベル・モルトガット社	ベルギー	52
デュポン醸造所	ベルギー	57

ビール名	国名	ページ
ドゥ・ハルヴ・マーン醸造所	ベルギー	59
トラクエア醸造所	イギリス	82

（な）

ビール名	国名	ページ
ナギサビール	日本	151

（は）

ビール名	国名	ページ
ハービストン醸造所	イギリス	82
ハイネケン・アジア・パシフィック	シンガポール	126
ハイネケン・イタリア	イタリア	102
ハイネケンインターナショナル	オランダ	79,86
ハイネケン・キリン	オランダ	100
パウラナー醸造所	ドイツ	32
バス社	イギリス	76
バルティカ社	ロシア	103
PTマルチ・ビンタン社	インドネシア	129
ビクトリー醸造所	アメリカ	118
ビットブルガー社	ドイツ	27
ヒューグ醸造所	ベルギー	53
瓢湖屋敷の杜ブルワリー	日本	142
ブーン醸造所	ベルギー	62
フリュー醸造所	ドイツ	39
富士観光開発	日本	149
ブデヨヴィッキー・ブドバー	チェコ	92
フラー・スミス・アンド・ターナー社	イギリス	74,75
ブラックアイル	イギリス	84
ブリュードッグ醸造所	イギリス	83
プルゼニュスキープラズドロイ社	チェコ	91
フレンスブルガー醸造所	ドイツ	31
ベアードブルーイング	日本	145
ヘット・アンケル醸造所	ベルギー	63
ヘラー醸造所	ドイツ	36
ベルヘブン醸造所	イギリス	78
ボーレンス醸造所	ベルギー	60
ボステールス醸造所	ベルギー	61
ボストンビール社	アメリカ	114
ホフブロイ・ミュンヘン醸造所	ドイツ	28

（ま）

ビール名	国名	ページ
マーストンズ	イギリス	81
ミッケラーブルワリー	デンマーク	98
宮崎ひでじビール	日本	150
モデロ社	メキシコ	120,121
盛田金しゃちビール	日本	151
モルソン・クアーズ・ジャパン	アメリカ	119

（や）

ビール名	国名	ページ
ヤッホーブルーイング	日本	147
ユーリゲ醸造所	ドイツ	40

（ら）

ビール名	国名	ページ
ライオン・ブルワリー社	スリランカ	128
ラグニタス醸造所	アメリカ	115
ラ・トラップ醸造所	オランダ	99
リーフマンス醸造所	ベルギー	67
リンデマンス醸造所	ベルギー	62
ルロワ	ベルギー	64
ロイヤル・グロールシュ社	オランダ	101
ローグ醸造所	アメリカ	116
ローデンバッハ醸造所	ベルギー	66
ロシュフォール醸造所	ベルギー	55
ろまんちっく村クラフトブルワリー	日本	149

系図で覚えるビアスタイル

BEER STYLE GENEALOGY

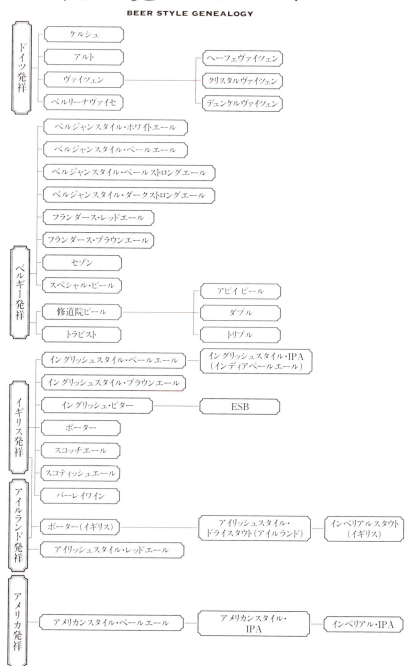

ビールの特徴を知る上でかかせないビアスタイル。
その数は100種以上にもおよび、把握するだけでも大変です。
ここでは代表的なスタイルを、発祥国とその後の発展を示す系図によりわかりやすくまとめました。

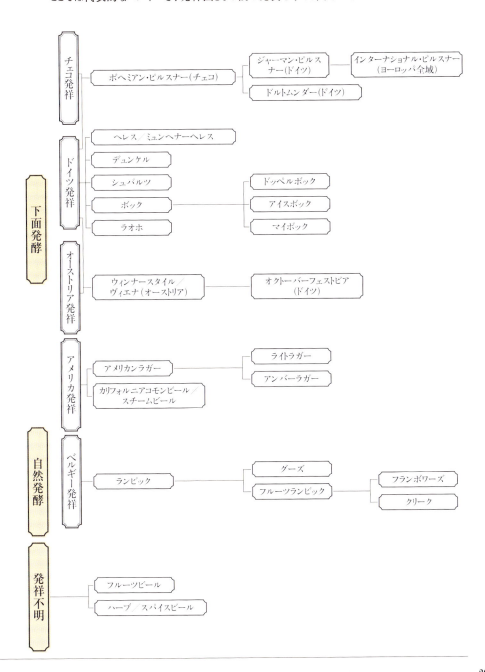

REFERENCE LIST
問い合わせ先一覧
※50音順

(株)アイエムエーエンタープライズ
☎03-6402-7578
http://www.eyema-ent.co.jp/

アイコン・ユーロパブ(株)
☎03-5369-3601
http://www.ikon-europubs.com/

(株)あくら
☎018-862-1841
http://www.aqula.co.jp/

アサヒビール(株)
☎0120-011-121
http://www.asahibeer.co.jp/

アンハイザー・ブッシュ・インベブ・ジャパン
☎0570-093-920
http://www.ab-inbev.com/

(有)Jena(イエナ)
☎03-3556-0508
http://www.jena.co.jp/

(株)池光エンタープライズ
☎03-6459-0480
http://www.ikemitsu.co.jp/

石垣島ビール(株)
☎0980-83-0202
http://ishigaki-beer.com/

伊勢角屋麦酒／
(有)二軒茶屋餅角屋本店
☎0596-21-3108
http://www.biyagura.jp/

(株)ウィスク・イー
☎03-3863-1502
http://www.whisk-e.co.jp/

(株)AQベボリューション
✉info@aqbevolution.com
http://www.aqbevolution.com/

(株)箕面ビール
☎072-725-7234
http://www.minoh-beer.jp/

SOCブルーイング(株)
☎011-391-7775
https://northislandbeer.jp/

えぞ麦酒(株)
☎011-614-0191
http://www.ezo-beer.com/

エチゴビール(株)
☎0256-76-2866
http://www.echigo-beer.jp/

EVER BREW株式会社
☎03-6206-6550
http://www.everbrew.co.jp/

オリオンビール(株)
☎098-877-5050
http://www.orionbeer.co.jp/

香川ブルワリー／(株)レクザム
☎087-889-8001(香川ブルワリー)
http://www.sanuki-beer.com/

木内酒造 (資)
☎029-298-0105
http://www.kodawari.cc/

(株) キムラ
☎082-241-6703
http://www.liquorlandjp.com/

(株) 木屋
✉support@kiya.com
https://www.belgianbeer.co.jp/

(株) 協同商事コエドブルワリー
☎0570-018-777
http://www.coedobrewery.com/

キリンビール (株)
☎0120-111-560
http://www.kirin.co.jp/

(株) 銀河高原ビール
☎0197-85-5321
http://www.gingakogenbeer.com/

(株) きんき
☎0745-57-1750
http://www.kinki-beer.jp/

熊澤酒造 (株)
☎0467-52-6118
http://www.kumazawa.jp/

久米桜麦酒 (株) ／ビアホフ ガンバリウス
☎0859-68-5570／0859-39-8033
http://g-beer.jp/

呉ビール (株)
☎0823-26-9090
http://www.kurebeer.com/

(有) ケイズブルーイングカンパニー
☎092-841-6336
http://www.brewmaster2002.com/

月桂冠 (株)
☎0120-623-561
http://www.gekkeikan.co.jp/

小西酒造 (株)
☎072-775-1524
http://www.konishi.be/

(株) ザート・トレーディング
☎03-5733-2004
http://www.zato-trd.co.jp/

サッポロビール (株)
☎0120-207800
http://www.sapporobeer.jp/

薩摩酒造 (株)
☎0993-72-1231
http://www.satsuma.co.jp/

サンクトガーレン (有)
☎046-224-2317
http://www.sanktgallenbrewery.com/

サントリー酒類 (株)
☎0120-139-310
http://www.suntory.co.jp/

REFERENCE LIST
問い合わせ先一覧

島根ビール（株）
☎0852-55-8355
http://www.shimane-beer.co.jp/

（株）ジュート
☎03-5429-1825
http://www.jute.co.jp/

松徳硝子（株）
☎03-3625-3511
http://www.stglass.co.jp/

昭和貿易（株）
☎03-5822-1384
http://www.showa-boeki.co.jp/beer/

（株）信州東御市振興公社／オラホビール
☎0268-64-0006
http://tomi-kosya.com/ohlahobeer/

世嬉の一酒造（株）／いわて蔵ビール
☎0191-21-1144
http://www.sekinoichi.co.jp/

（株）玉村本店
☎0269-33-2155
http://www.tamamura-honten.co.jp/

東洋佐々木ガラス（株）
☎03-3663-1140
http://www.toyo-sasaki.co.jp/

（株）ナガノトレーディング
☎045-315-5458
http://www.naganotrading.com/

ナギサビール（株）
☎050-3820-8958
http://www.nagisa.co.jp/

日本ビール（株）
☎03-5489-8888
http://www.nipponbeer.jp/

瓢湖屋敷の杜ブルワリー／（株）天朝閣
☎0250-63-2000
http://www.swanlake.co.jp/

（株）廣島
☎092-821-6338
http://www.worldbeer.co.jp/

（有）ヒロタグラスクラフト
すみだ江戸切子館
☎03-3623-4148
http://www.edokiriko.net/

富士観光開発（株）／富士桜高原麦酒
☎0555-83-2236
https://www.fujizakura-beer.jp/

ブラッセルズ（株）
☎03-5457-3410
http://www.brussels.co.jp/

（資）ベアードブルーイング
☎0558-73-1199
https://bairdbeer.com/

三井食品（株）
☎03-6700-7133
http://www.mitsuifoods.co.jp/

宮崎ひでじビール（株）

☎0982-39-0090
http://www.hideji-beer.jp/

盛田金しゃちビール（株）

☎0568-67-0116
http://www.kinshachi.jp/

モルソン・クアーズ・ジャパン（株）

☎03-6416-4580
http://www.molsoncoors.jp/

モンテ物産（株）

☎0120-348566
http://www.montebussan.co.jp/

（株）ヤッホーブルーイング

☎0267-66-1211
http://www.yohobrewing.com/

（株）友和貿易

☎03-5766-5754 代
http://www.konabeer.jp/
（HPはKona Brewing）

リカーショップアサヒヤ

☎06-6951-1986
http://www.occn.zaq.ne.jp/asahiya/

ろまんちっく村クラフトブルワリー／
（株）ファーマーズ・フォレスト

☎028-665-8800
http://www.romanticmura.com/
brewery/index.html

ワールドリカーインポーターズ（株）

☎03-6854-3978
http://www.world-liquor-importers.co.jp/

＜監修＞

一般社団法人日本ビール文化研究会

ビール文化を発展・普及させることを目的に、2012年1月に設立。日本ビール検定（びあけん）を主宰している。ビール全般が学べる、模擬問題の入った『日本ビール検定公式テキスト』（マイナビ出版）も好評。
◎日本ビール検定
https://beerken.jp

一般社団法人日本ビアジャーナリスト協会

ビールのおいしさ・楽しさを正しく消費者に伝えるために活動し、新商品情報や各地のイベント情報などを定期的に発信。ビアジャーナリストアカデミーを開校し、ビアジャーナリストの育成にも励む。
https://www.jbja.jp

＜ STAFF ＞

写真/ピノグリ（橋口健志、関根 統）
イラスト/根岸美帆
デザイン/NILSON design studio
（望月昭秀、木村由香利、境田真奈美）
執筆協力/一般社団法人日本ビアジャーナリスト協会（コウゴアヤコ、富江弘幸、根岸絹恵、野田幾子、藤原ヒロユキ、三輪一記、矢野竜広）
編集・構成/株式会社スリーシーズン
企画/成田晴香（株式会社マイナビ出版）

新版 ビールの図鑑

2018年5月30日 初版第1刷発行
2023年6月30日 初版第6刷発行

監修　一般社団法人日本ビール文化研究会
　　　一般社団法人日本ビアジャーナリスト協会
発行者　角竹 輝紀
発行所　株式会社マイナビ出版
　　　〒101-0003 東京都千代田区一ツ橋2-6-3 一ツ橋ビル2F
　　　TEL：0480-38-6872（注文専用ダイヤル）
　　　TEL：03-3556-2731（販売部）
　　　TEL：03-3556-2735（編集部）
　　　E-mail：pc-books@mynavi.jp
　　　URL：https://book.mynavi.jp

印刷・製本　株式会社大丸グラフィックス

- 本書は2013年5月刊行の『ビールの図鑑』を底本として、情報の修正を行ったものです。
- 扱っているビールの種類、ビールに関する情報などは、『ビールの図鑑』と同じです。
- 本書の一部または全部について個人で使用するほかは、著作権上、著作権者および（株）マイナビ出版の承諾を得ずに無断で複写、複製することは禁じられております。
- 本書についてご質問等ございましたら、上記メールアドレスにお問い合わせください。インターネット環境がない方は、往復はがきまたは返信用切手、返信用封筒を同封の上、（株）マイナビ出版編集第2部書籍編集3課までお送りください。
- 乱丁・落丁についてのお問い合わせは、TEL：0480-38-6872（注文専用ダイヤル）、電子メール：sas@mynavi.jpまでお願いいたします。
- 本書の記載は2018年4月現在の情報に基づいております。そのためお客さまがご利用されるときには、情報や価格等が変更されている場合もあります。
- 本書中の会社名、商品名は、該当する会社の商標または登録商標です。

定価はカバーに記載しております。
ⓒ3season Co.,Ltd. 2013-2018
ISBN978-4-8399-6619-5 C2077
Printed in Japan